中国古典家具

技艺全书·解析经典

金荣题

"十三五"国家重点图书　　总顾问：李　坚　刘泽祥　刘文金
2020年度国家出版基金资助项目　　总主编：周京南　朱志悦　杨　飞

国家出版基金项目
NATIONAL PUBLICATION FOUNDATION

中国古典家具技艺全书

（第二批）

解析经典⑩

庋具、杂具

第二十卷

（总三十卷）

主　编：周京南　卢海华　董　君

中国林业出版社

图书在版编目（ＣＩＰ）数据

解析经典 . ⑩ ／ 周京南等总主编 . —— 北京 ：中国林业出版社，2021.1
（中国古典家具技艺全书 . 第二批）

ISBN 978-7-5219-1015-5

Ⅰ．①解… Ⅱ．①周… Ⅲ．①家具—介绍—中国—古代 Ⅳ．① TS666.202

中国版本图书馆 CIP 数据核字 (2021) 第 023777 号

出 版 人：刘东黎
总 策 划：纪　亮
责任编辑：王思源

——

出　　版：中国林业出版社（100009 北京市西城区刘海胡同 7 号）
印　　刷：北京利丰雅高长城印刷有限公司
发　　行：中国林业出版社
电　　话：010 8314 3610
版　　次：2021 年 1 月第 1 版
印　　次：2021 年 1 月第 1 次
开　　本：889mm×1194mm，1/16
印　　张：18
字　　数：300 千字
图　　片：约 790 幅
定　　价：360.00 元

《中国古典家具技艺全书》（第二批）
总编撰委员会

总 顾 问：李 坚 刘泽祥 刘文金
总 主 编：周京南 朱志悦 杨 飞
书名题字：杨金荣

《中国古典家具技艺全书——解析经典⑩》

主　　　　编：周京南 卢海华 董 君
编 委 成 员：方崇荣 蒋劲东 马海军 纪 智 徐荣桃
参与绘图人员：李 鹏 孙胜玉 温 泉 刘伯恺 李宇瀚
　　　　　　　李 静 李总华

凡 例

一、本书中的木工匠作术语和家具构件名称主要依照
　　王世襄先生所著《明式家具研究》的附录一《名
　　词术语简释》，结合目前行业内通用的说法，力
　　求让读者能够认同。

二、本书分有多种图题，说明如下：

　　1. 整体外观为家具的推荐材质外观效果图。

　　2. 三视结构为家具的三个视角的剖视图。

　　3. 用材效果为家具的三种主要珍贵用材的展示效果图。

　　4. 结构爆炸为家具的零部件爆炸图。

　　5. 结构示意为家具的结构解析和标注图，按照构件的
　　　 部位或类型分类。

　　6. 细部效果和细部结构为对应的家具构件效果图和三
　　　 视图，其中细部结构中部分构件的俯视图或左视
　　　 图因较为简单，故省略。

三、本书中效果图和 CAD 图分别编号，以方便读者查找。

四、本书中每件家具的穿销、栽榫、楔钉等另加的榫卯只
　　绘出效果图，并未绘出 CAD 图，读者在实际使用中，
　　可以根据家具用材和尺寸自行决定此类榫卯的数量
　　和大小。

序 言

李 坚 中国工程院院士

讲到中国的古家具，可谓博大精深，灿若繁星。

从神秘庄严的商周青铜家具，到浪漫拙朴的秦汉大漆家具；从壮硕华美的大唐壶门结构，到精炼简雅的宋代框架结构；从秀丽俊逸的明式风格，到奢华繁复的清式风格，这一漫长而恢宏的演变过程，每一次改良，每一场突破，无不渗透着中国人的文化思想和审美观念，无不凝聚着中国人的汗水与智慧。

家具本是静物，却在中国人的手中活了起来。

木材，是中国古家具的主要材料。通过中国匠人的手，塑出家具的骨骼和形韵，更是其商品价值的重要载体。红木的珍稀世人多少知晓，紫檀、黄花梨、大红酸枝的尊贵和正统更是为人称道，若是再辅以金、骨、玉、瓷、珐琅、螺钿、宝石等珍贵的材料，其华美与金贵无须言表。

纹饰，是中国古家具的主要装饰。纹必有意，意必吉祥，这是中国传统工艺美术的一大特色。纹饰之于家具，不但起到点缀空间、构图美观的作用，还具有强化主题、烘托喜庆的功能。龙凤麒麟、喜鹊仙鹤、八仙八宝、梅兰竹菊，都寓意着美好和幸福，也是刻在中国人骨子里的信念和情结。

造型，是中国古家具的外化表现和功能诉求。流传下来的古家具实物在博物馆里，在藏家手中，在拍卖行里，向世人静静地展现着属于它那个时代的丰姿。即使是从未接触过古家具的人，大概也分得出桌椅几案，柜架床榻，这得益于中国家具的流传有序和中国人制器为用的传统。关于造型的研究更是理论深厚，体系众多，不一而足。

唯有技艺，是成就中国古家具的关键所在，当前并没有被系统地挖掘和梳理，尚处于失传和误传的边缘，显得格外落寞。技艺是连接匠人和器物的桥梁，刀削斧凿，木活生花，是熟练的手法，是自信的底气，也是"手随心驰，心从手思，心手相应"的炉火纯青之境界。但囿于中国传统各行各业间"以师带徒，口传心授"传承方式的局限，家具匠人们的技艺并没有被完整的记录下来，没有翔实的资料，也无标准可依托，这使得中国古典家具技艺在当今社会环境中很难被传播和继承。

此时，由中国林业出版社策划、编辑和出版的《中国古典家具技艺全书》可以说是应运而生，责无旁贷。全套书共三十卷，分三批出版，运用了当前最先进的技术手段，最生动的展现方式，对宋、明、清和现代中式的家具进行了一次系统的、全面的、大体量的收集和整理，通过对家具结构的拆解，家具部件的展示，家具工艺的挖掘，家具制作的考证，为世人揭开了古典家具技艺之美的面纱。图文资料的汇编、尺寸数据的测量、CAD和效果图的绘制以及对相关古籍的研究，以五年的时间铸就此套著作，匠人匠心，在家具和出版两个领域，都光芒四射。全书无疑是一次对古代家具文化的抢救性出版，是对古典家具行业"以师带徒，口传心授"的有益补充和锐意创新，为古典家具技艺的传承、弘扬和发展注入强劲鲜活的动力。

　　党的十八大以来，国家越发重视技艺，重视匠人，并鼓励"推动中华优秀传统文化创造性转化、创新性发展"，大力弘扬"精益求精的工匠精神"。《中国古典家具技艺全书》正是习近平总书记所强调的"坚定文化自信、把握时代脉搏、聆听时代声音，坚持与时代同步伐、以人民为中心、以精品奉献人民、用明德引领风尚"的具体体现和生动诠释。希望《中国古典家具技艺全书》能在全体作者、编辑和其他工作人员的严格把关下，成为家具文化的精品，成为世代流传的经典，不负重托，不辱使命。

2020 年 5 月

前　言

纪　亮　全书总策划

中国的古典家具，有着悠久的历史。传说上古之时，神农氏发明了床，有虞氏时出现了俎。商周时代，出现了曲几、屏风、衣架。汉魏以前，家具一般都形体较矮，属于低型家具。自南北朝开始，出现了垂足坐，于是凳、靠背椅等高足家具随之出现。隋唐五代时期，垂足坐的休憩方式逐渐普及，高低型家具并存。宋代以后，高型家具及垂足坐才完全代替了席地坐的生活方式。高型家具经过宋、元两朝的普及发展，到明代中期，已取得了很高的艺术成就，中国古典家具艺术进入成熟阶段，形成了被誉为具有高度艺术成就的"明式家具"。清代家具，承明余续，在造型特征上，骨架粗壮结实，方直造型多于明式曲线造型，题材生动且富于变化，装饰性强，整体大方而局部装饰精细入微。近20年来，古典家具发展迅猛，家具风格在明清家具的基础上不断传承和发展，并形成了独具中国特色的现代中式家具，亦有学者称之为"中式风格家具"。

中国的古典家具，经过唐宋的积淀，明清的飞跃，现代的传承，已成为"东方艺术的一颗明珠"。中国古典家具是我国传统造物文化的重要组成和载体，也深深影响着世界近现代的家具设计。国内外研究并出版以古典家具的历史文化、图录资料等内容的著作较多，然而从古典家具技艺的角度出发，挖掘整理的著作少之又少。技艺——是古典家具的精髓，是保护发展我国古典家具的核心所在。为了更好地传承和弘扬我国古典家具文化，全面系统地介绍我国古典家具的制作技艺，提高国家文化软实力，提升民族自信，实现古典家具创造性转化、创新性发展，中国林业出版社聚集行业之力组建《中国古典家具技艺全书》编写工作组。全书以制作技艺为线索，详细介绍了古典家具的结构、造型、制作、解析、鉴赏等内容，全书共30卷，分为榫卯构造、匠心营造、大成若缺、解析经典、美在久成这5个系列陆续出版，并通过数字化手段搭建中国古典家具技艺网和家具技艺APP等。全书力求通过准确的测量、绘制，挖掘、梳理家具技艺，向读者展示中国古典家具的线条美、结构美、造型美、雕刻美、装饰美、材质美。

《解析经典》为本套丛书的第四个系列，共分十卷。本系列以宋明两代绘画中的家具图像和故宫博物院典藏的古典家具实物为研究对象，因无法进行实物测绘，只能借助现代化的技术手段进行场景还原、三维建模、结构模拟等方式进行绘制，并结合专家审读和工匠实践来勘误矫正，最终形成了200余套来自宋、明、清的经典器形的珍贵图录，并按照坐具、承具、卧具、庋具、杂具等类别进行分类，分器形点评、CAD图示、用材效果、结构爆炸、部件示意、细部详解六个层次详细地解析了每件家具。这些丰富而翔实的资料将为我们研究和制作古典家具提供重要的学习和参考资料。本系列丛书中所选器形均为明清家具之经典器物，其中器物的原型几乎均为国之重器，弥足珍贵，故以"解析经典"命名。因家具数量较多、结构复杂，书中难免存在疏漏与错误，望广大读者批评指正，我们也将在再版时陆续修正。

　　最后，感谢国家新闻出版署将本项目列为"十三五"国家重点图书出版规划，感谢国家出版基金规划管理办公室对本项目的支持，感谢为全书的编撰而付出努力的每位匠人、专家、学者和绘图人员。

纪亮

2020 年 12 月

目　录

庋具

亮格柜、圆角柜

双层亮格柜

材质：黄花梨

年款：明

整体外观（效果图1）

1. 器形点评

　　此柜为齐头立方式，上面的敞格为两层，四面全敞。敞格正面顶上安有壶门券口牙板，下面安有抽屉三具。再下的柜门为对开两门，下安素牙板。四腿为方材，直落到地。此柜整体造型简洁，空灵逸秀，为典型的明代亮格柜的风格。

2. CAD 图示

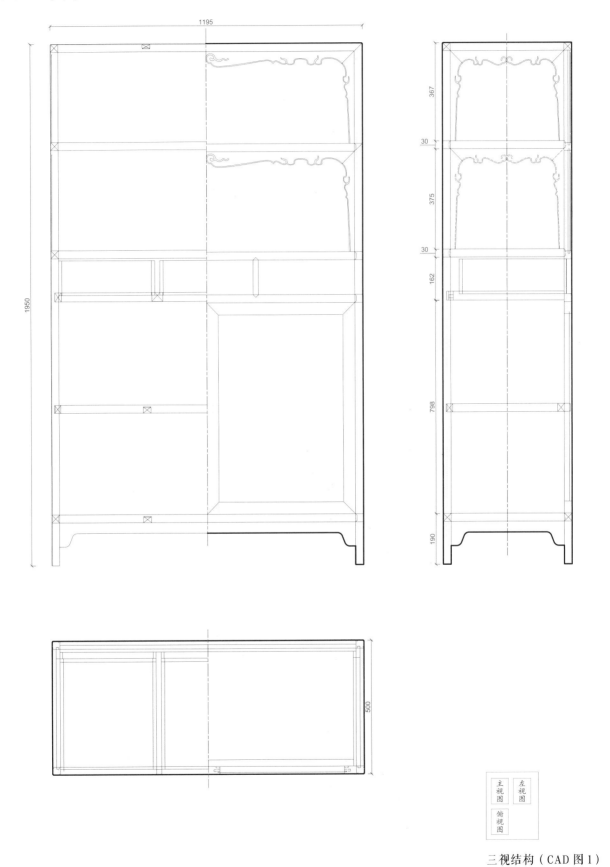

三视结构（CAD图1）

说明：在家具的测量和绘制过程中存在少量国家标准允许的误差；全书计量单位为毫米（mm）。

3.用材效果

用材效果（材质：紫檀；效果图2）

用材效果（材质：黄花梨；效果图3）

用材效果（材质：红酸枝；效果图4）

4. 结构爆炸

结构爆炸（效果图5）

5. 部件示意

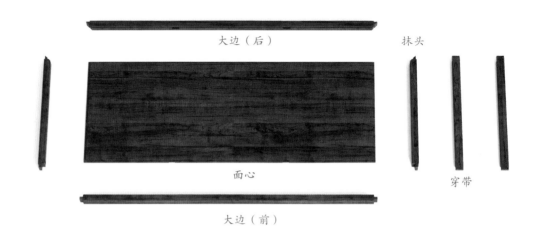

大边（后）

抹头

面心

穿带

大边（前）

部件示意—顶板（效果图 6）

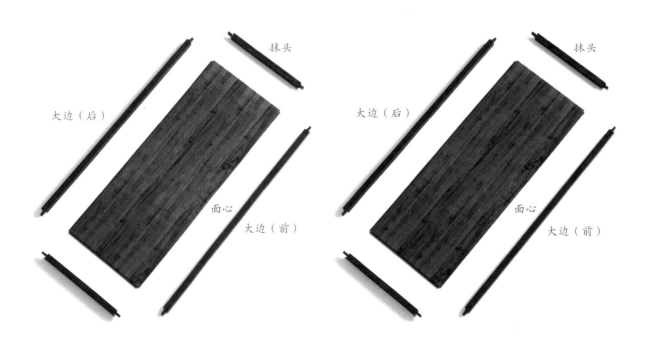

抹头

大边（后）

面心

大边（前）

部件示意—第一层亮格格板（效果图 7）

抹头

大边（后）

面心

大边（前）

部件示意—第二层亮格格板（效果图 8）

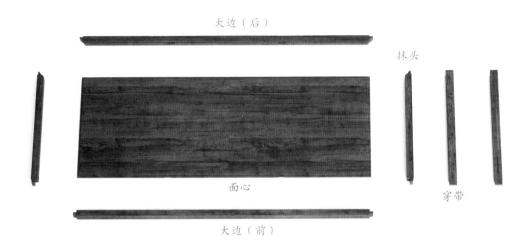

大边（后）

抹头

面心

穿带

大边（前）

部件示意—柜内格板（效果图9）

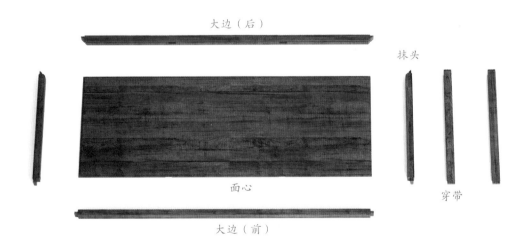

大边（后）

抹头

面心

穿带

大边（前）

部件示意—底板（效果图10）

7

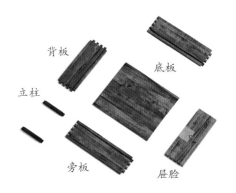

背板

底板

立柱

旁板

屉脸

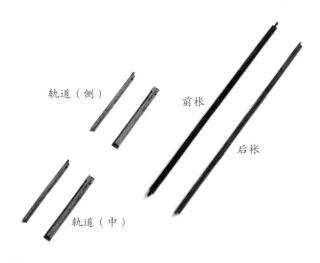

轨道（侧）

前枨

后枨

轨道（中）

部件示意—抽屉（效果图11）

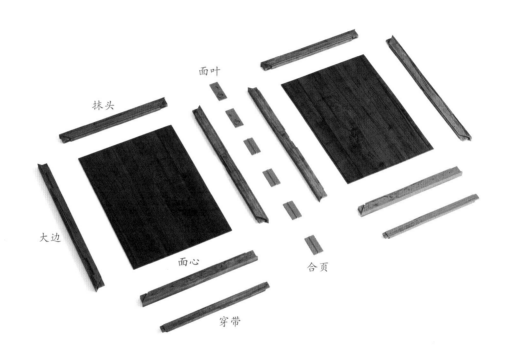

面叶

抹头

大边

面心

合页

穿带

部件示意—柜门（效果图12）

部件示意—旁板（效果图13）

部件示意—背板（效果图14）

部件示意—腿子（效果图 15）

直牙板（侧）

直牙板（正）

部件示意—下牙板（效果图 16）

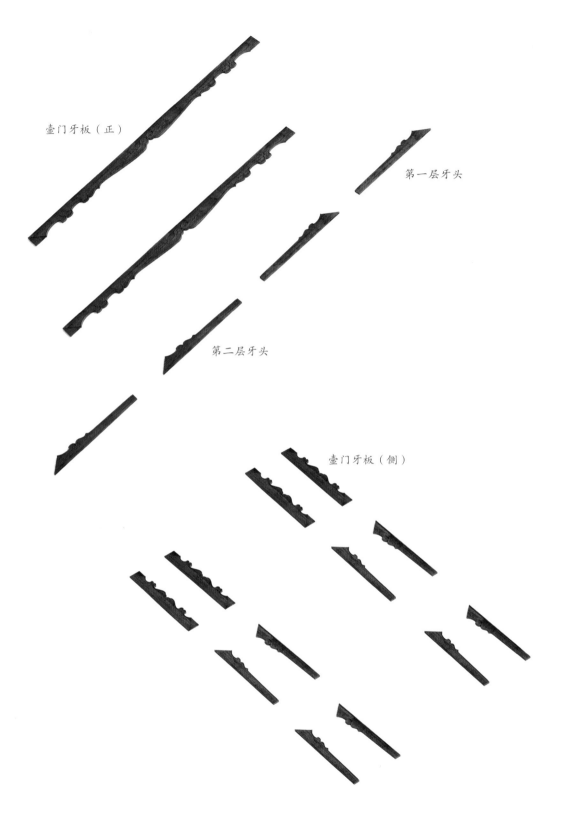

壶门牙板（正）

第一层牙头

第二层牙头

壶门牙板（侧）

部件示意—券口结构（效果图17）

6. 细部详解

细部效果—顶板（效果图18）

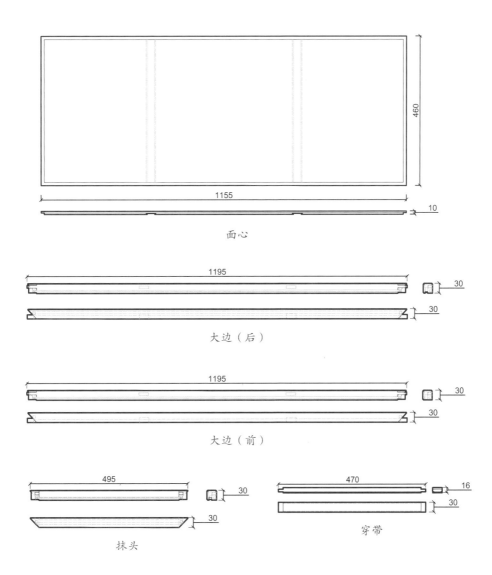

面心

大边（后）

大边（前）

抹头

穿带

细部效果—第一层亮格格板（效果图19）

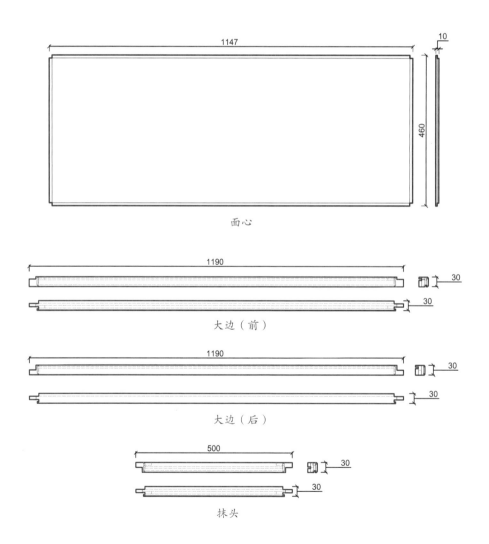

面心

大边（前）

大边（后）

抹头

细部结构—第一层亮格格板（CAD 图 7 ~ 图 10）

14

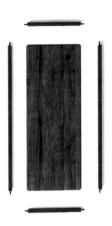

细部效果—第二层亮格格板（效果图 20）

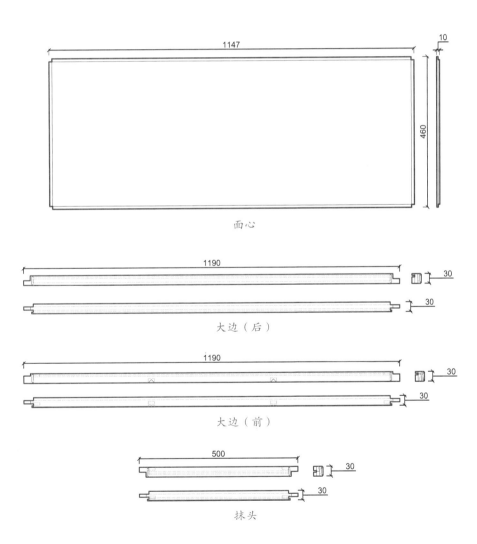

面心

大边（后）

大边（前）

抹头

细部结构—第二层亮格格板（CAD 图 11 ~ 图 14）

细部效果—柜内格板（效果图 21）

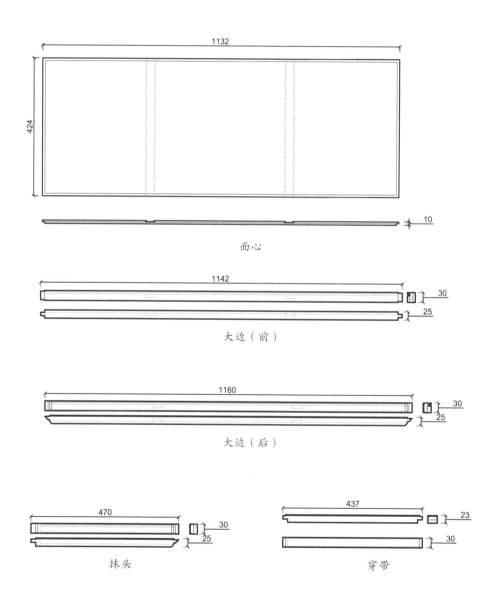

面心

大边（前）

大边（后）

抹头   穿带

细部结构—柜内格板（CAD 图 15 ~ 图 19）

细部效果—底板（效果图 22）

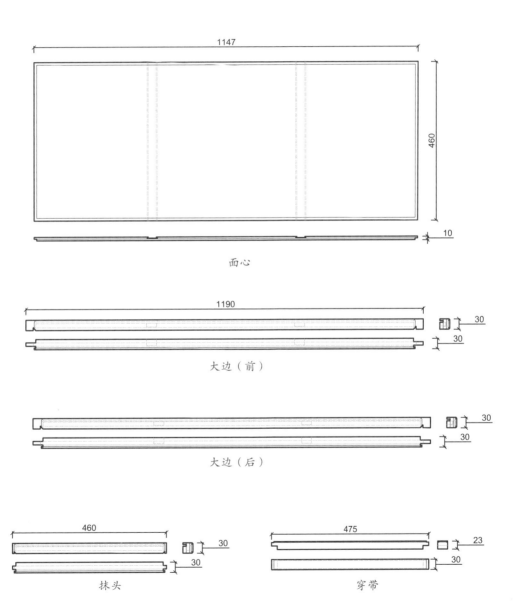

1147

460

10

面心

1190

30
30

大边（前）

30
30

大边（后）

460

30
30

抹头

475

23
30

穿带

细部结构—底板（CAD 图 20 ~ 图 24）

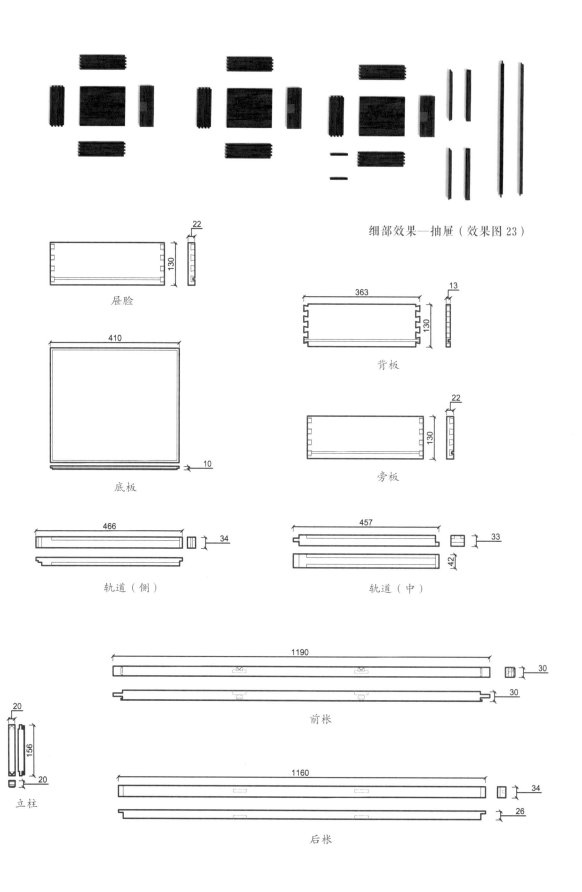

细部效果—抽屉（效果图 23）

屉脸

背板

底板

旁板

轨道（侧）

轨道（中）

立柱

前枨

后枨

细部结构—抽屉（CAD 图 25 ～ 图 33）

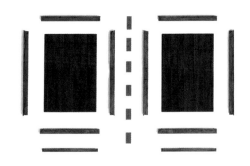

细部效果—柜门（效果图 24）

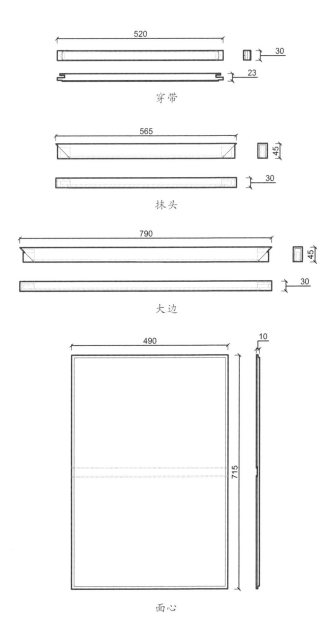

穿带

抹头

大边

面心

细部效果—旁板（效果图 25）

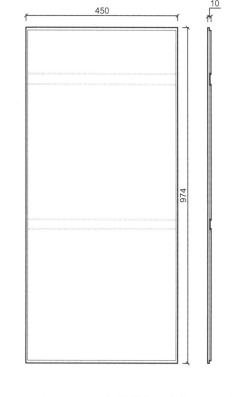

细部结构—旁板（CAD 图 38）

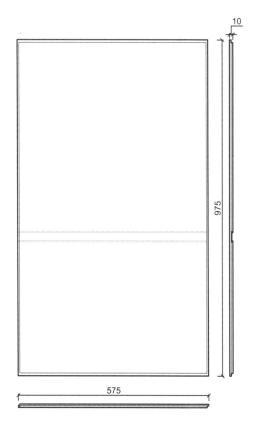

细部结构—背板（CAD 图 39）

细部效果—背板（效果图 26）

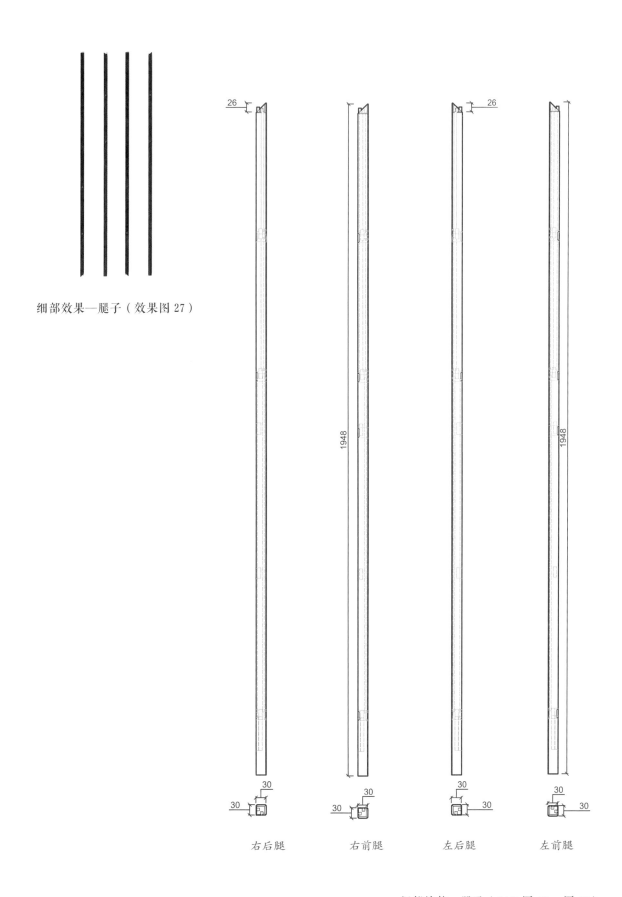

细部效果—腿子（效果图 27）

26

1948

1948

26

30
30

30
30

30
30

30
30

右后腿

右前腿

左后腿

左前腿

细部结构—腿子（CAD 图 40 ~ 图 43）

细部效果—下牙板（效果图 28）

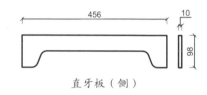

直牙板（侧）

直牙板（正）

细部结构—下牙板（CAD 图 44 ~ 图 45）

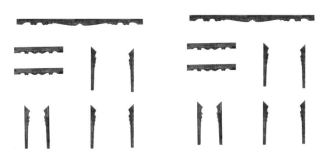

细部效果—券口结构（效果图 29）

壶门牙板（侧）

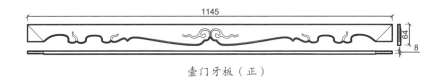

壶门牙板（正）

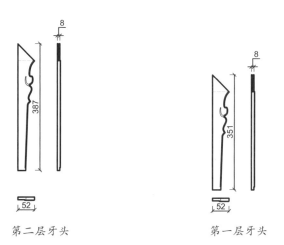

第二层牙头　　　　　　　　第一层牙头

细部结构—券口结构（CAD 图 46～图 49）

圈口亮格柜

材质：红酸枝

年款：明

整体外观（效果图1）

1. 器形点评

此柜格为齐头立方式，分为上下两部分。上部分为一个可以拆下的单层亮格顶柜，下部分为一个带有储物柜门的双层亮格立柜。上部分的柜格正中以立枨相隔，开有两个亮格，装鱼肚圈口牙板；下部分的亮格与上部做法一样，唯做成双层四个鱼肚圈口牙板，双层亮格之下有对开柜门，柜门正中装铜镀金面叶，边框装合页。柜门之下安回纹牙板。四腿为方材，直落到地。

2. CAD 图示

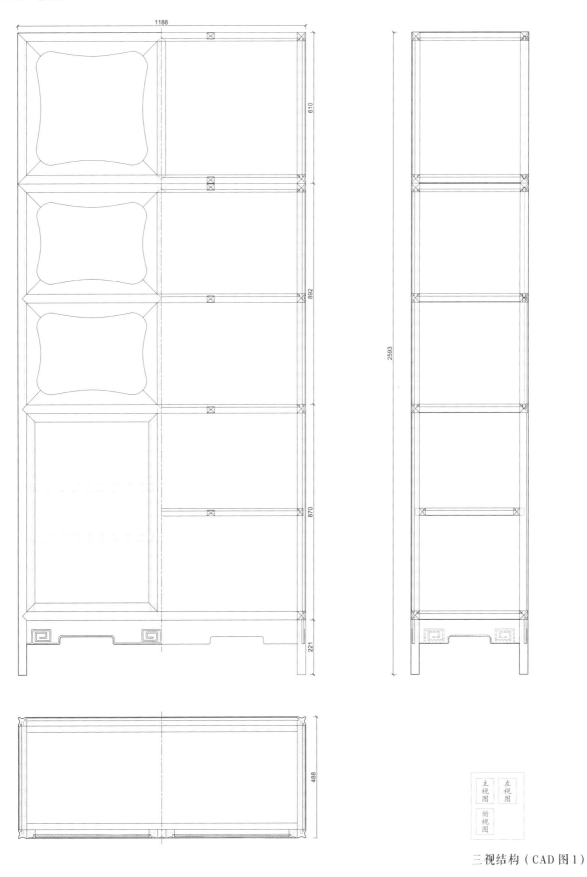

三视结构（CAD 图 1）

3. 用材效果

用材效果（材质：紫檀；效果图 2）

用材效果（材质：黄花梨；效果图 3）

用材效果（材质：红酸枝；效果图 4）

4. 结构爆炸

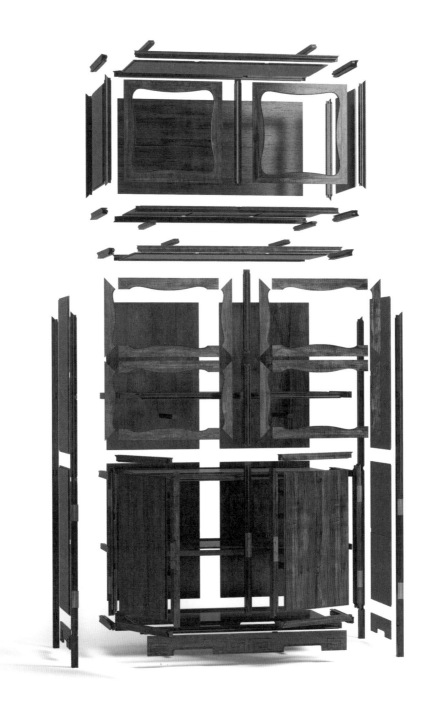

结构爆炸（效果图 5）

5. 部件示意

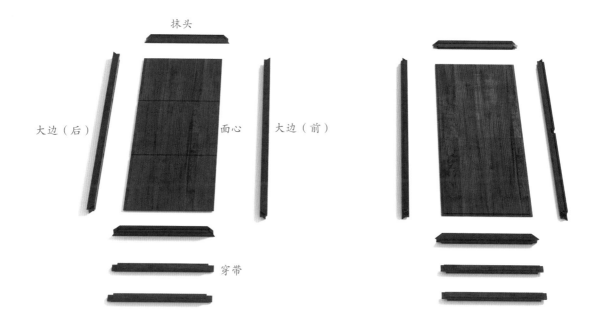

抹头

大边（后）　　　面心　　大边（前）

穿带

部件示意—顶柜顶板和底板（效果图 6）

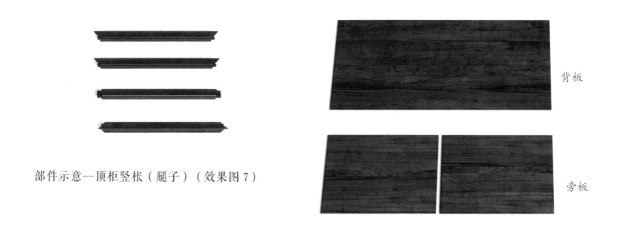

部件示意—顶柜竖枨（腿子）（效果图 7）

背板

旁板

部件示意—顶柜背板和旁板（效果图 8）

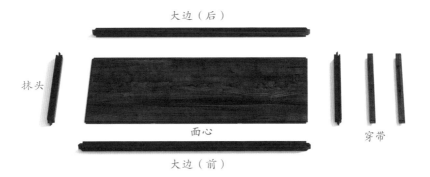

大边（后）

抹头

面心

穿带

大边（前）

部件示意—立柜顶板（效果图 9）

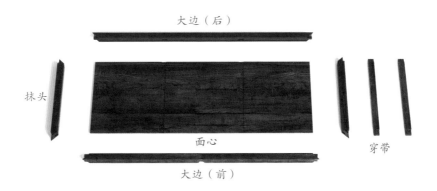

大边（后）

抹头

面心

穿带

大边（前）

部件示意—立柜第一层格板（效果图 10）

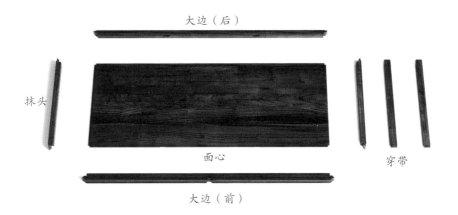

大边（后）

抹头

面心

穿带

大边（前）

部件示意—立柜第二层格板（效果图 11）

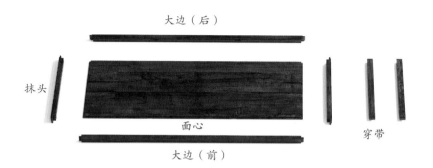

大边（后）

抹头

面心

穿带

大边（前）

部件示意—立柜第三层格板（效果图12）

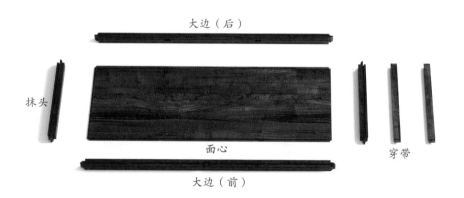

大边（后）

抹头

面心

穿带

大边（前）

部件示意—立柜底板（效果图13）

背板（下）　　　　　　　　　　　背板（上）

部件示意—立柜背板（效果图 14）

旁板（上）

旁板（下）

部件示意—立柜旁板（效果图 15）

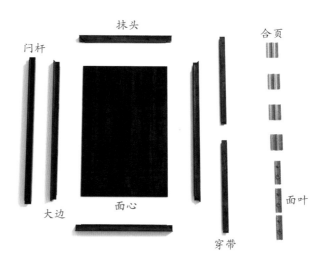

部件示意—立柜柜门（效果图 16）

横板条

竖板条

竖枨

部件示意—顶柜圈口（效果图17）

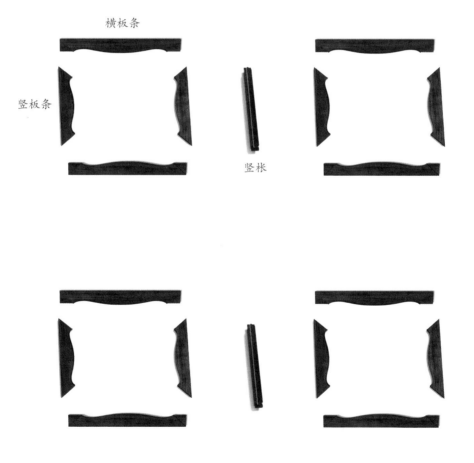

横板条

竖板条

竖枨

部件示意—立柜圈口（效果图18）

牙板（正）

牙板（侧）

部件示意—立柜下牙板（效果图 19）

部件示意—立柜腿子（效果图 20）

34

6. 细部详解

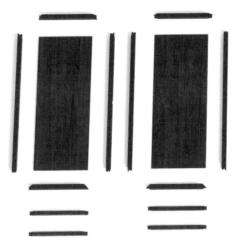

细部效果—顶柜顶板和底板（效果图 21）

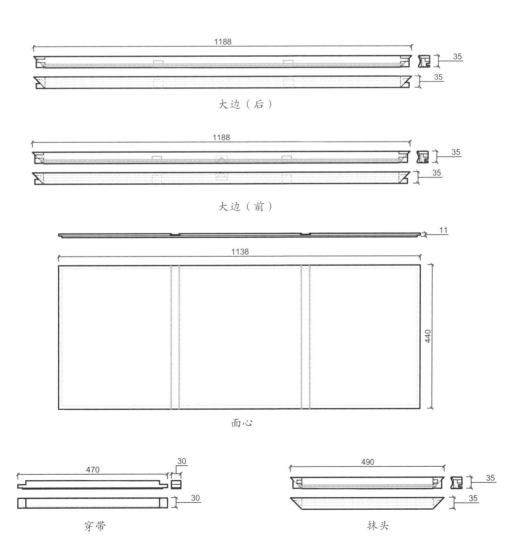

细部结构—顶柜顶板和底板（CAD 图 2 ~ 图 6）

细部效果—顶柜竖枨（腿子）（效果图 22）

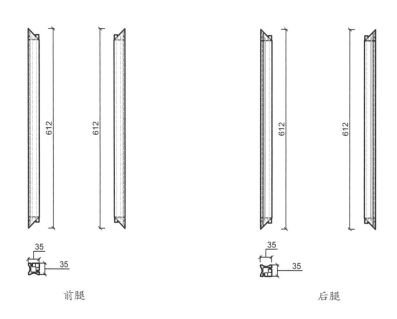

前腿 后腿

细部结构—顶柜竖枨（腿子）（CAD 图 7 ~ 图 8）

细部效果—顶柜背板和旁板（效果图 23）

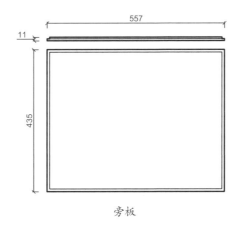

旁板

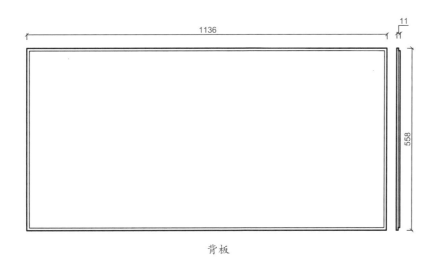

背板

细部结构—顶柜背板和旁板（CAD 图 9 ~ 图 10 ）

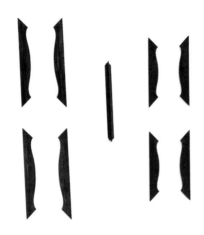

细部效果—顶柜圈口（效果图24）

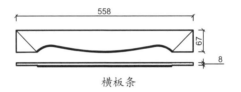

横板条

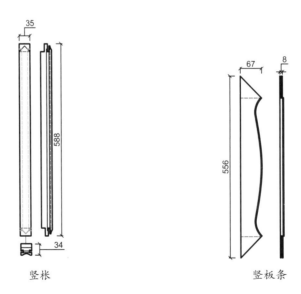

竖枨

竖板条

细部结构—顶柜圈口（CAD 图 11 ~ 图 13）

细部效果—立柜背板（效果图 25）

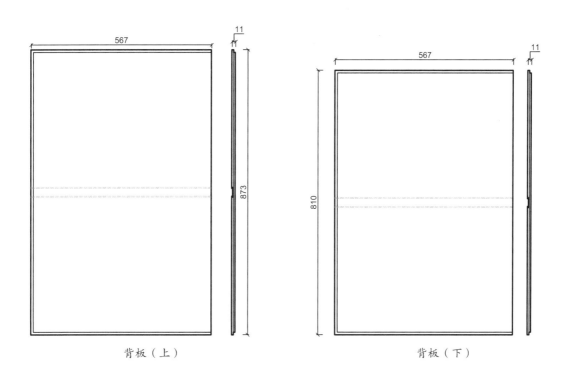

背板（上）   背板（下）

细部结构—立柜背板（CAD 图 14 ~ 图 15）

细部效果—立柜旁板（效果图 26）

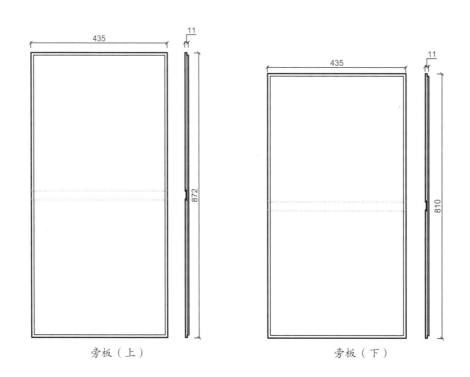

旁板（上）　　　　　　　　　　　旁板（下）

细部结构—立柜旁板（CAD 图 16 ～ 图 17）

细部效果—立柜柜门（效果图 27）

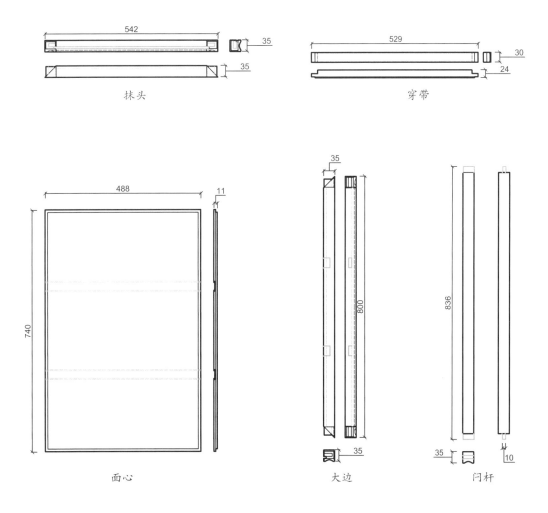

细部效果—立柜下牙板（效果图 28）

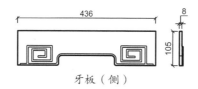

牙板（侧）

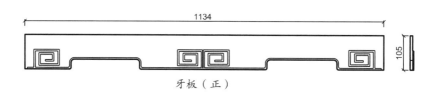

牙板（正）

细部结构—立柜下牙板（CAD 图 23 ~ 图 24）

细部效果—立柜顶板（效果图 29）

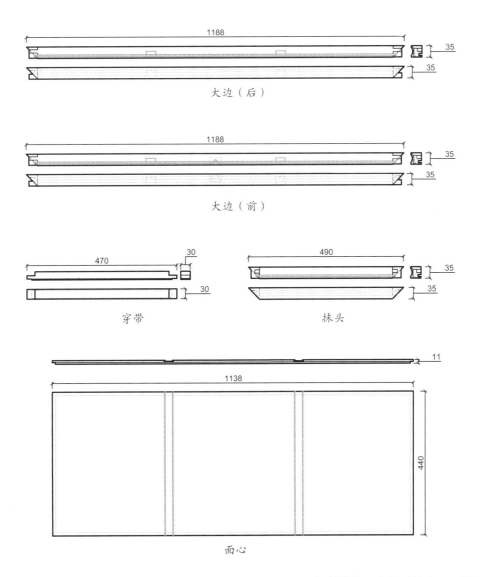

大边（后）

大边（前）

穿带　　　　　　　　抹头

面心

细部效果—立柜第一层格板（效果图 30）

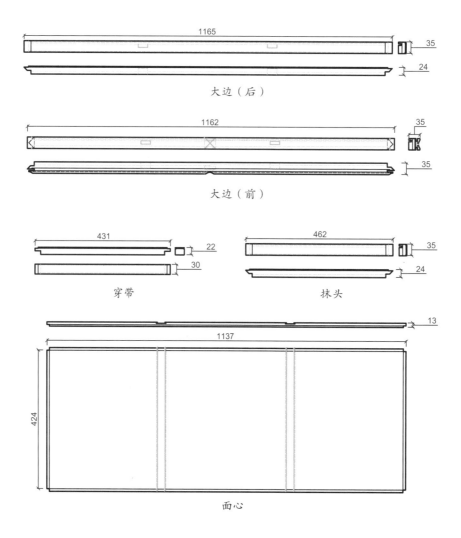

1165

35

24

大边（后）

1162

35

35

大边（前）

431

22

30

穿带

462

35

24

抹头

13

1137

424

面心

细部结构—立柜第一层格板（CAD 图 30 ～ 图 34）

细部效果—立柜第二层格板（效果图31）

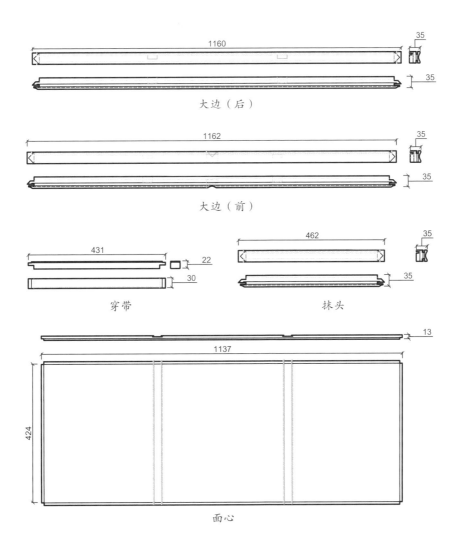

大边（后）

大边（前）

穿带

抹头

面心

细部结构—立柜第二层格板（CAD 图 35 ~ 图 39）

细部效果—立柜第三层格板（效果图 32）

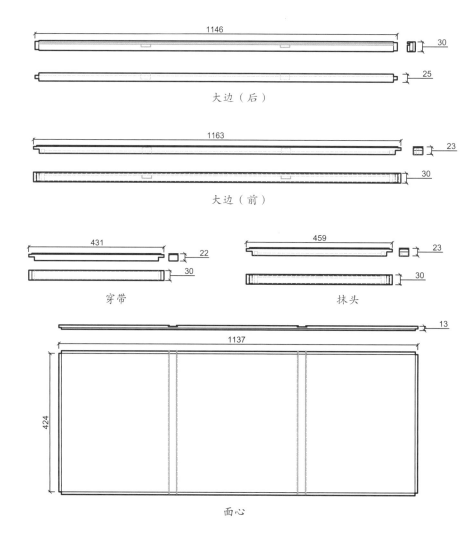

细部结构—立柜第三层格板（CAD 图 40 ~ 图 44）

细部效果—立柜底板（效果图 33）

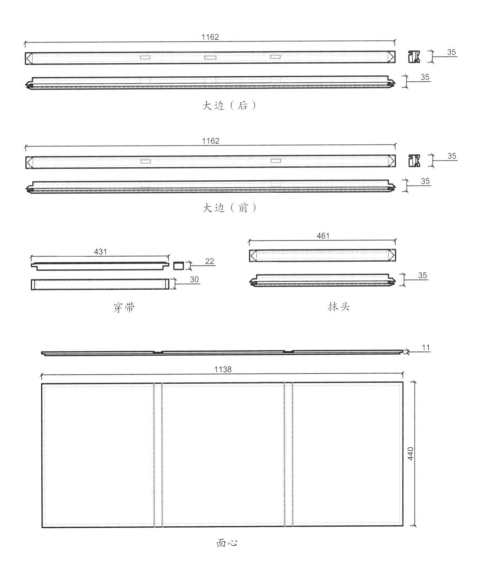

1162

35

35

大边（后）

1162

35

35

大边（前）

431

22

30

穿带

461

35

抹头

11

1138

440

面心

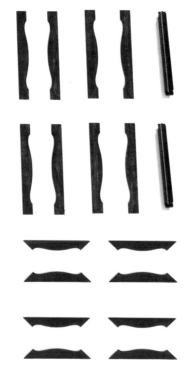

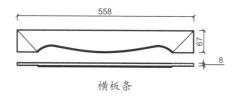

细部效果—立柜圈口（效果图 34）

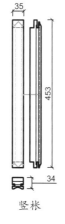

横板条

竖枨

竖板条

细部结构—立柜圈口（CAD 图 50 ~ 图 52）

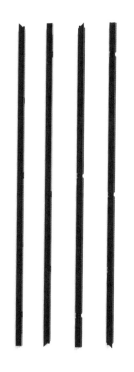

细部效果—立柜腿子（效果图35）

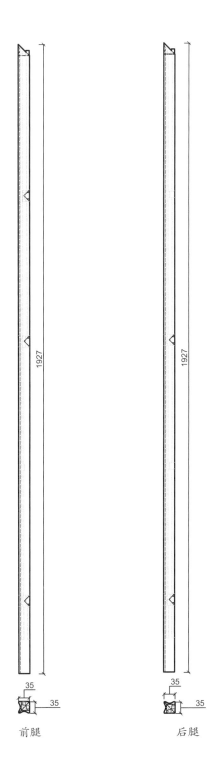

前腿　　　　　　　　后腿

细部结构—立柜腿子（CAD 图 53 ~ 图 54）

49

券口牙板带栏杆万历柜

材质：黄花梨

年款：明

整体外观（效果图 1）

1. 器形点评

　　此柜为齐头立方式，分为上下两部分，上部分为亮格，下部分为对开两门的柜子。亮格除后背外，三面全敞，正面及左右两面均装券口牙子，下部安围栏。亮格之下的柜子为对开两门，中有闩杆。打开柜门，里面自上而下分别安有一层抽屉和两层格板，将柜内空间分为三层。柜门之下装壶门牙板。四腿为方材，直落到地。此柜造型简洁，线脚流畅，是一件经典的明式柜类家具。

2. CAD 图示

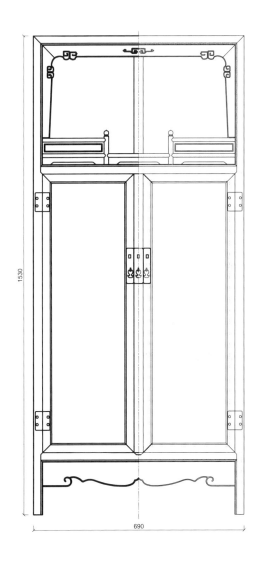

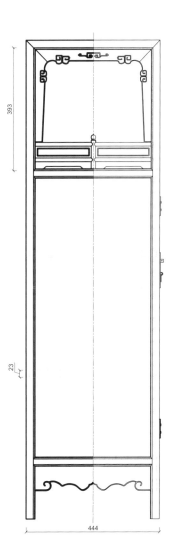

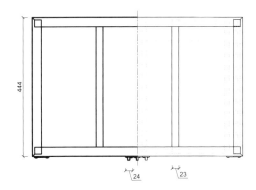

三视结构（CAD 图 1）

51

3.用材效果

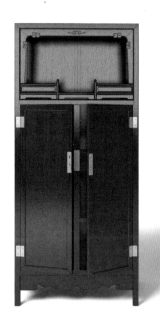

用材效果（材质：紫檀；效果图2）

用材效果（材质：黄花梨；效果图3）

用材效果（材质：红酸枝；效果图4）

4. 结构爆炸

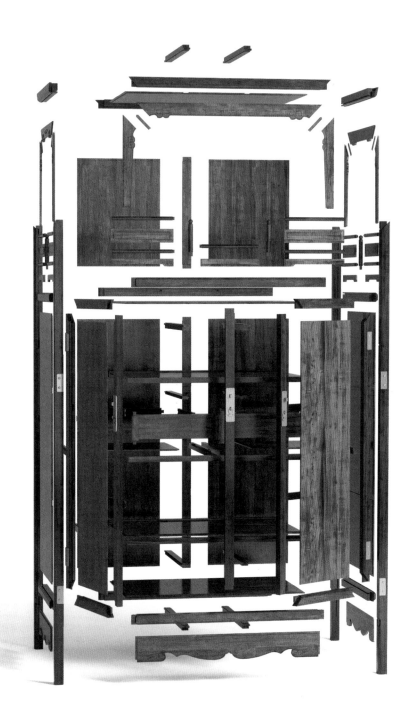

结构爆炸（效果图 5）

53

5. 部件示意

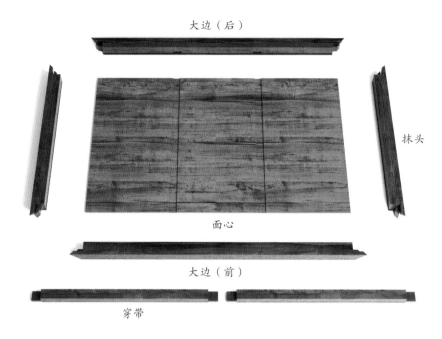

大边（后）

抹头

面心

大边（前）

穿带

部件示意—顶板（效果图 6）

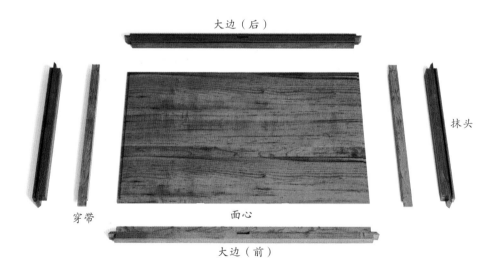

大边（后）

抹头

穿带

面心

大边（前）

部件示意—底板（效果图 7）

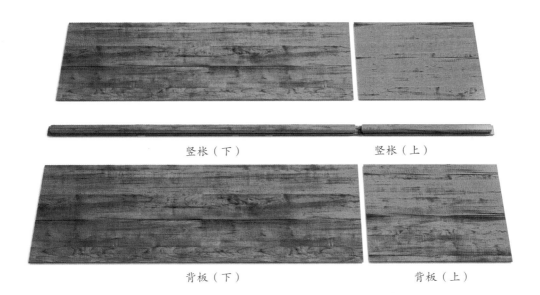

竖枨（下）　　　　　竖枨（上）

背板（下）　　　　　背板（上）

部件示意—背板（效果图 8）

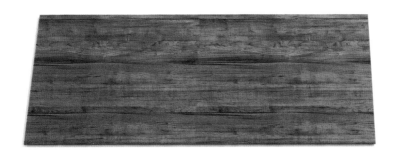

部件示意—旁板（效果图 9）

55

后腿　　　　　前腿

部件示意—腿子（效果图 10）

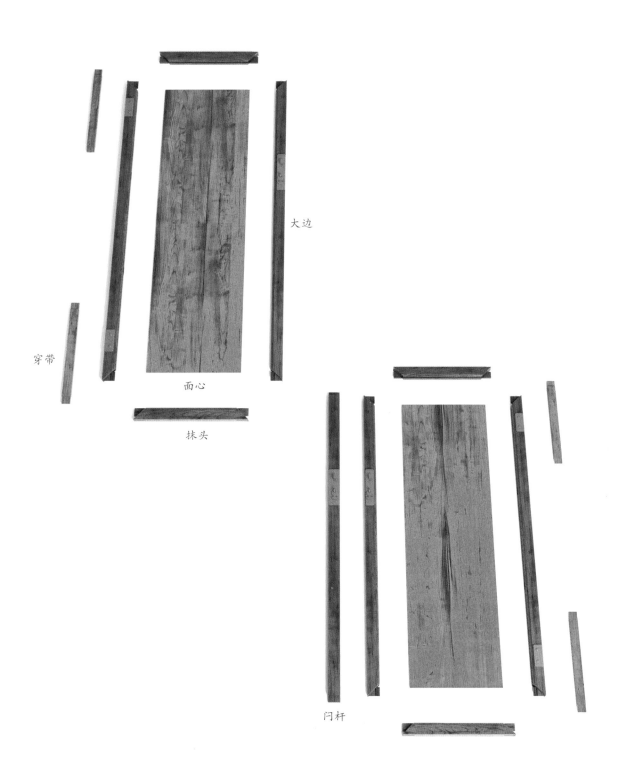

大边

穿带

面心

抹头

闩杆

部件示意—柜门（效果图11）

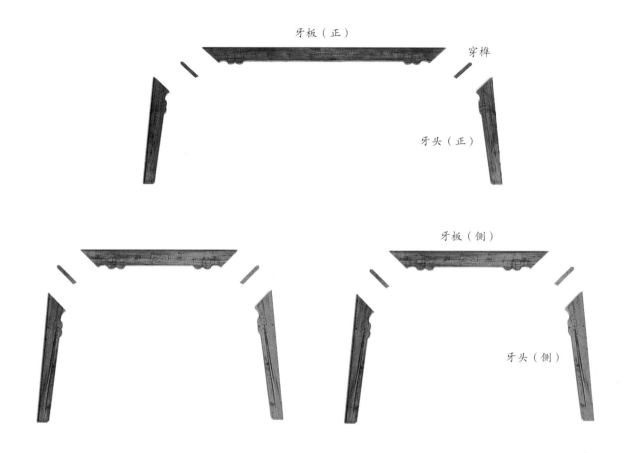

牙板（正）

穿榫

牙头（正）

牙板（侧）

牙头（侧）

部件示意—券口结构（效果图 12）

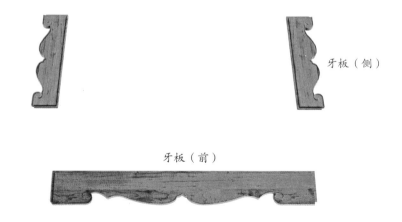

牙板（侧）

牙板（前）

部件示意—下牙板（效果图 13）

58

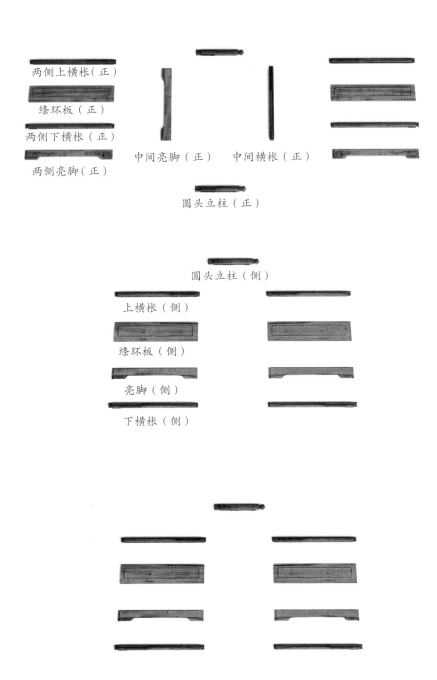

两侧上横枨（正）

绦环板（正）

两侧下横枨（正）

两侧亮脚（正）

中间亮脚（正）　　中间横枨（正）

圆头立柱（正）

圆头立柱（侧）

上横枨（侧）

绦环板（侧）

亮脚（侧）

下横枨（侧）

部件示意—围栏结构（效果图14）

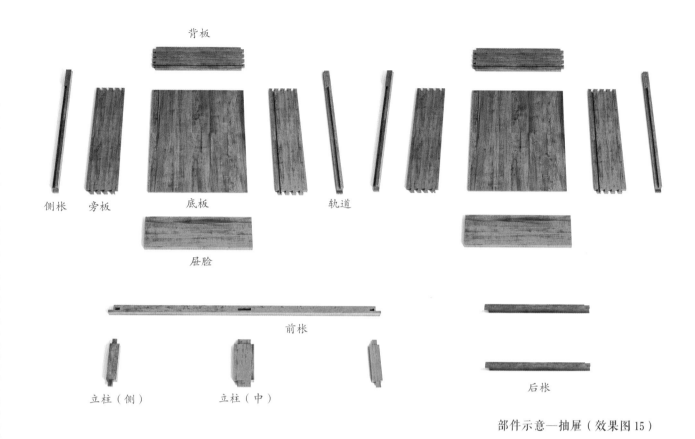

背板

侧枨　旁板　　　底板　　　　　　　　　轨道

屉脸

前枨

立柱（侧）　　　立柱（中）

后枨

部件示意—抽屉（效果图 15）

穿带

大边（后）　　　面心　　　　大边（前）

抹头

部件示意—亮格格板（效果图 16）

60

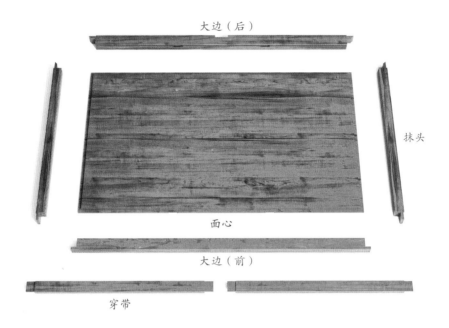

大边（后）

抹头

面心

大边（前）

穿带

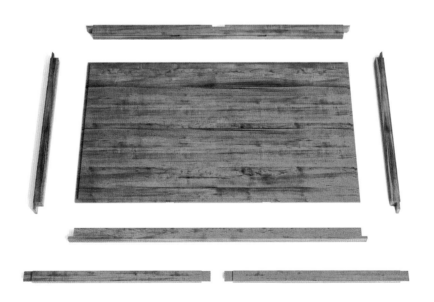

部件示意—柜内格板（效果图 17）

6. 细部详解

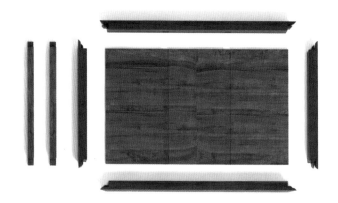

细部效果—顶板（效果图18）

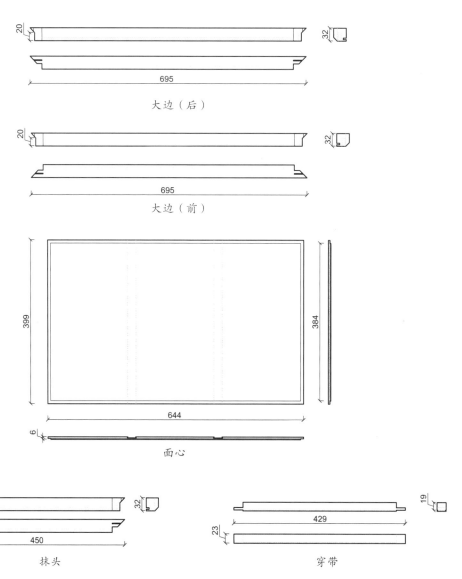

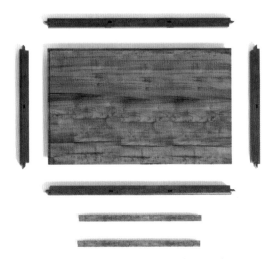

细部效果—底板（效果图 19）

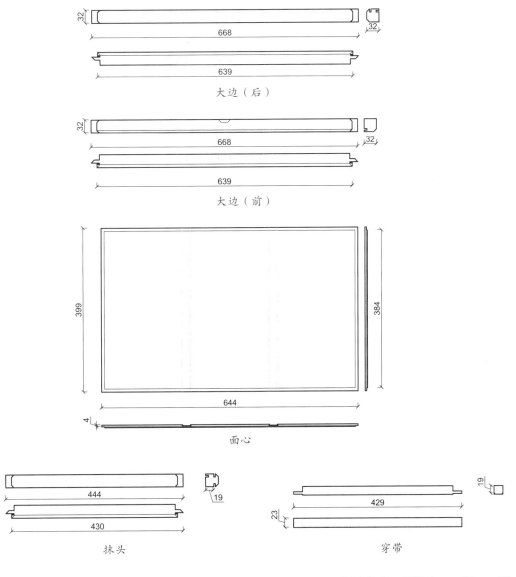

大边（后）

大边（前）

面心

抹头

穿带

细部结构—底板（CAD 图 7 ~ 图 11）

63

细部效果—背板（效果图 20）

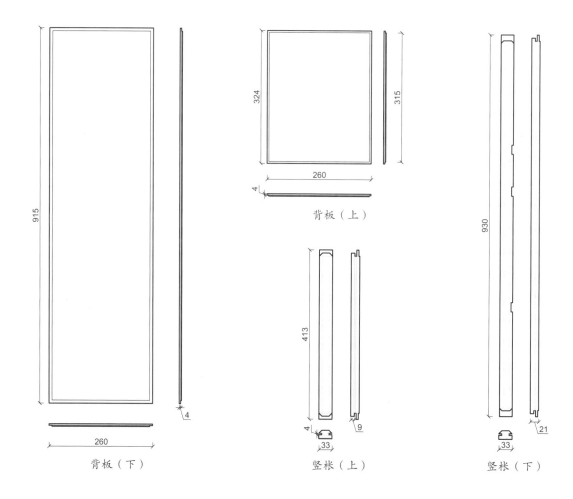

背板（下）

背板（上）

竖枨（上）

竖枨（下）

细部结构—背板（CAD 图 12 ~ 图 15）

细部效果—旁板（效果图 21）

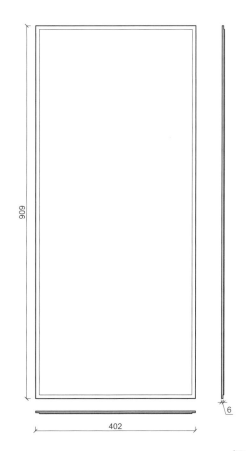

细部结构—旁板（CAD 图 16）

细部效果—券口结构（效果图 22）

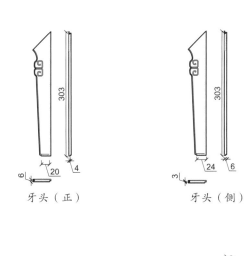

牙头（正）　　　　　　　牙头（侧）

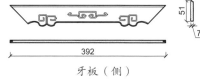

牙板（侧）

牙板（正）

细部结构—券口结构（CAD 图 17 ~ 图 20）

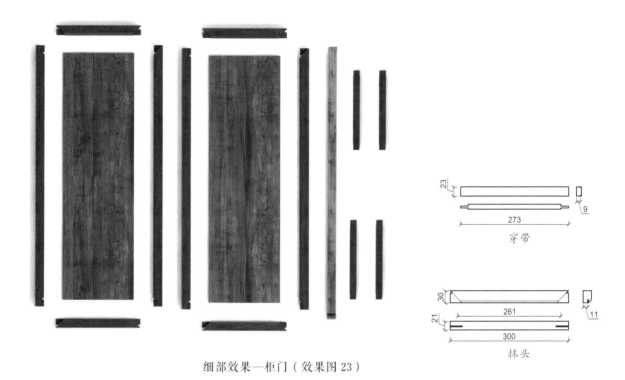

细部效果—柜门（效果图 23）

穿带

273

23

9

抹头

30

21

261

300

11

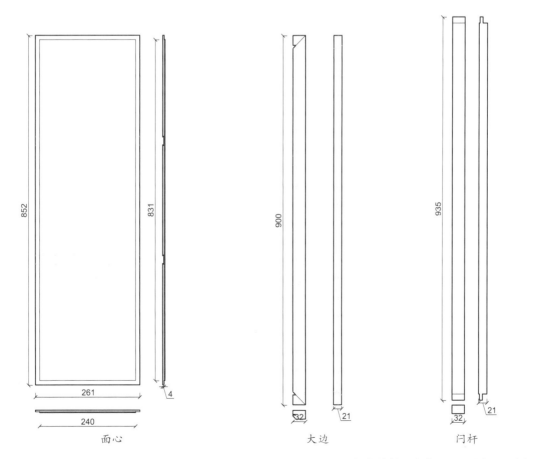

852

831

261

240

4

面心

900

32

21

大边

935

32

21

闩杆

细部结构—柜门（CAD 图 21 ~ 图 25）

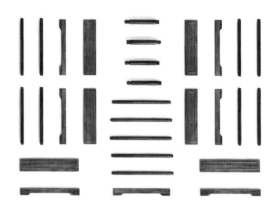

细部效果—围栏结构（效果图 24）

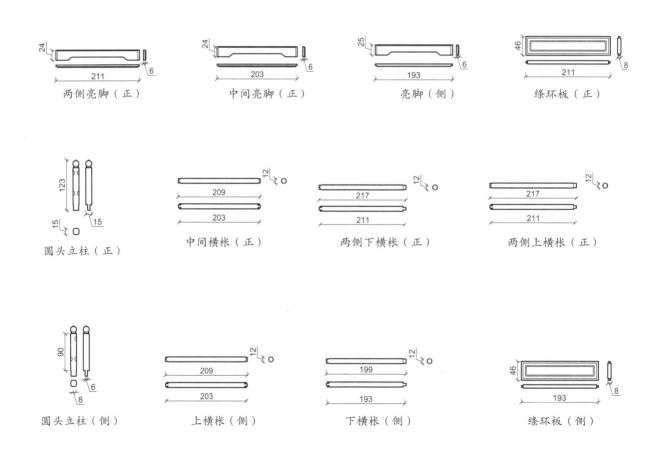

两侧亮脚（正）　　中间亮脚（正）　　亮脚（侧）　　绦环板（正）

圆头立柱（正）　　中间横枨（正）　　两侧下横枨（正）　　两侧上横枨（正）

圆头立柱（侧）　　上横枨（侧）　　下横枨（侧）　　绦环板（侧）

细部结构—围栏结构（CAD 图 26 ~ 图 37）

细部效果—下牙板（效果图 25）

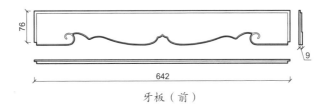

牙板（前）

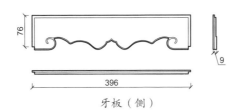

牙板（侧）

细部结构—下牙板（CAD 图 38 ~ 图 39）

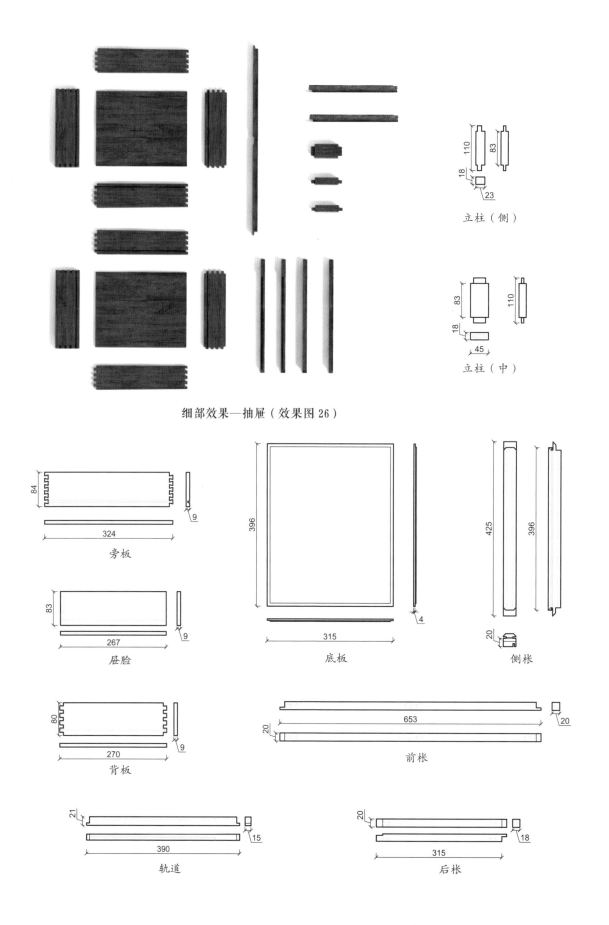

细部效果—抽屉（效果图 26）

立柱（侧）

立柱（中）

旁板

屉脸

背板

轨道

底板

侧枨

前枨

后枨

细部效果—亮格格板（效果图 27）

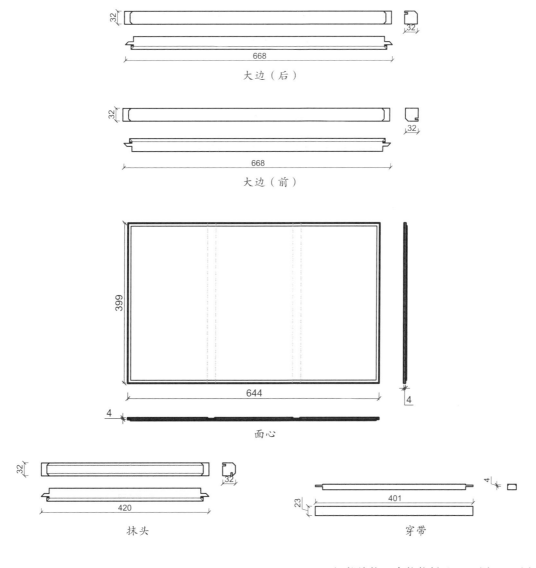

大边（后）

大边（前）

面心

抹头

穿带

细部结构—亮格格板（CAD 图 50 ～ 图 54）

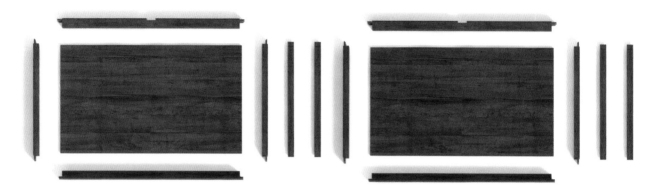

细部效果—柜内格板（效果图 28）

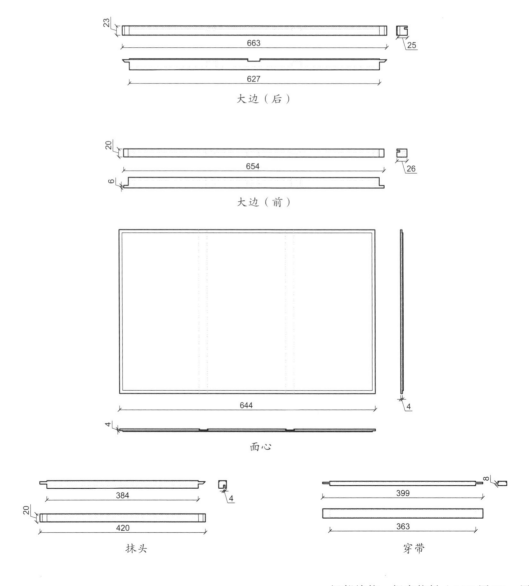

大边（后）

663
627
23
25

大边（前）

654
20
26
6

面心

644
4
4

抹头

384
420
20
4

穿带

399
363
8

细部结构—柜内格板（CAD 图 55 ~ 图 59）

细部效果—腿子（效果图 29）

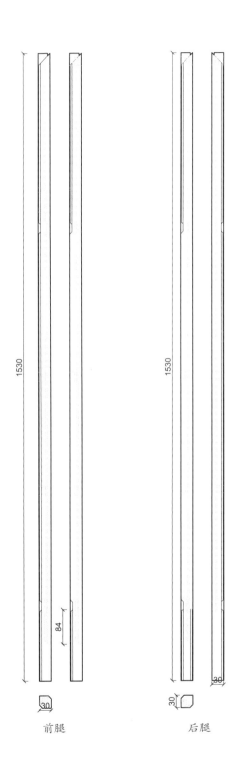

细部结构—腿子（CAD 图 60 ~ 图 61）

卷云纹圈口亮格柜

材质：黄花梨

年款：明

整体外观（效果图1）

1. 器形点评

此亮格柜为齐头立方式。上部的亮格三面空敞，镶有卷云纹圈口牙板。亮格下部为对开两门，安有铜镀金面叶拉环，两门中有闩杆。门框两端安合页，柜门之下安素牙板。四腿为方材直足，直落到地。此柜整体造型简洁无饰，方正规整。

2. CAD 图示

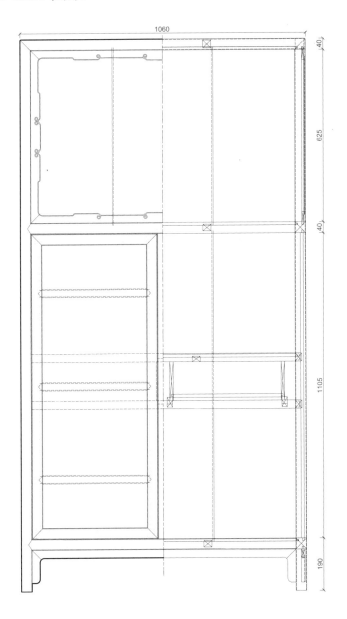

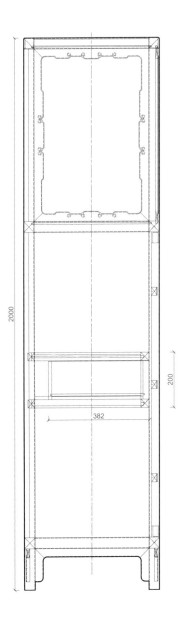

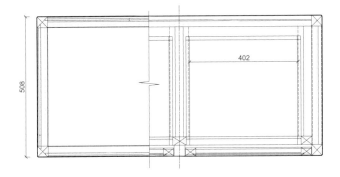

三视结构（CAD 图 1）

3. 用材效果

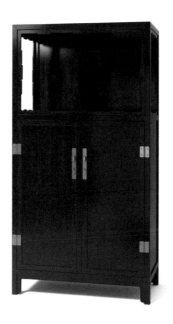

用材效果（材质：紫檀；效果图 2）

用材效果（材质：黄花梨；效果图 3）

用材效果（材质：红酸枝；效果图 4）

4. 结构爆炸

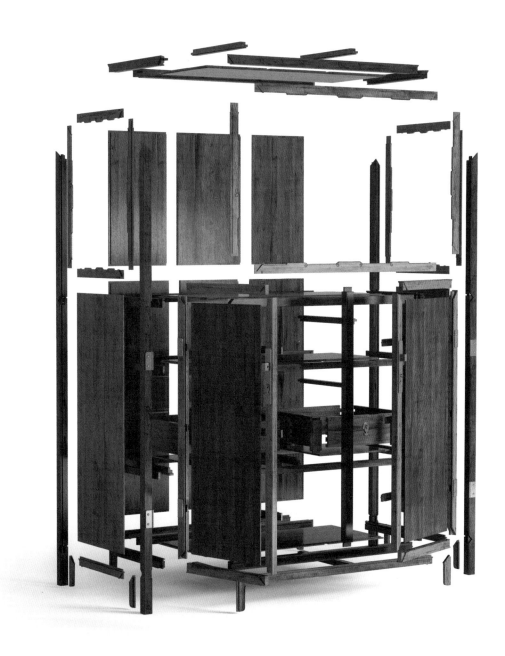

结构爆炸（效果图 5）

5. 部件示意

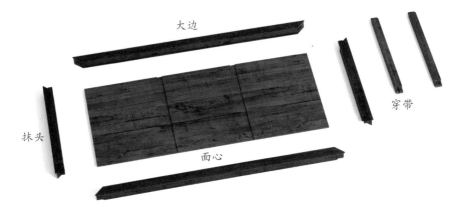

大边

抹头

穿带

面心

部件示意—顶板（效果图 6）

大边（后）

抹头

面心

穿带

大边（前）

部件示意—底板（效果图 7）

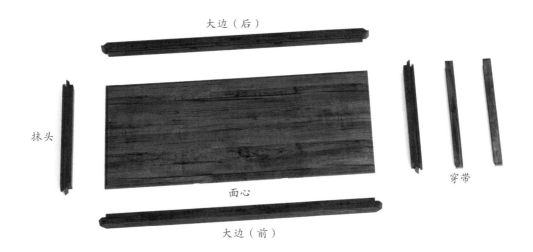

大边（后）

抹头

面心

穿带

大边（前）

部件示意—亮格格板（效果图 8）

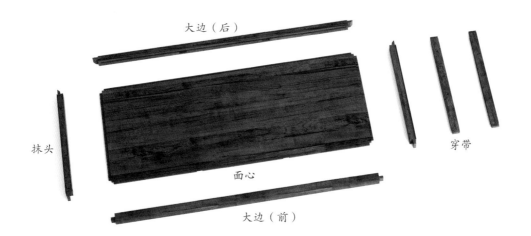

大边（后）

抹头

面心

穿带

大边（前）

部件示意—柜内格板（效果图 9）

79

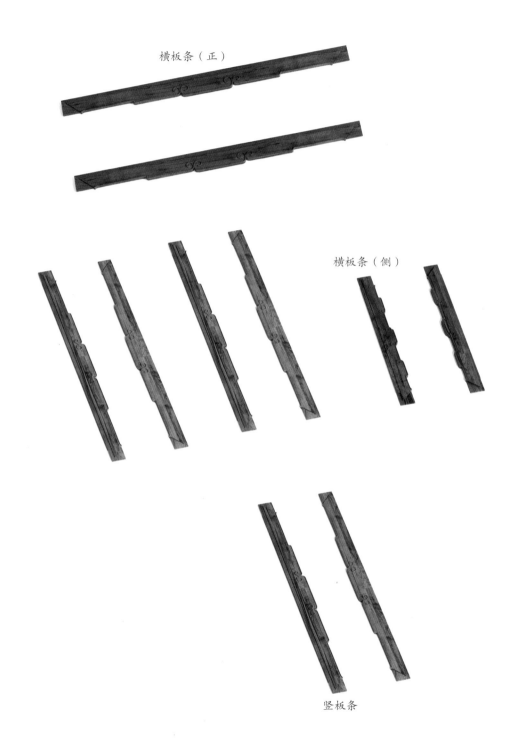

横板条（正）

横板条（侧）

竖板条

部件示意—圈口结构（效果图 10）

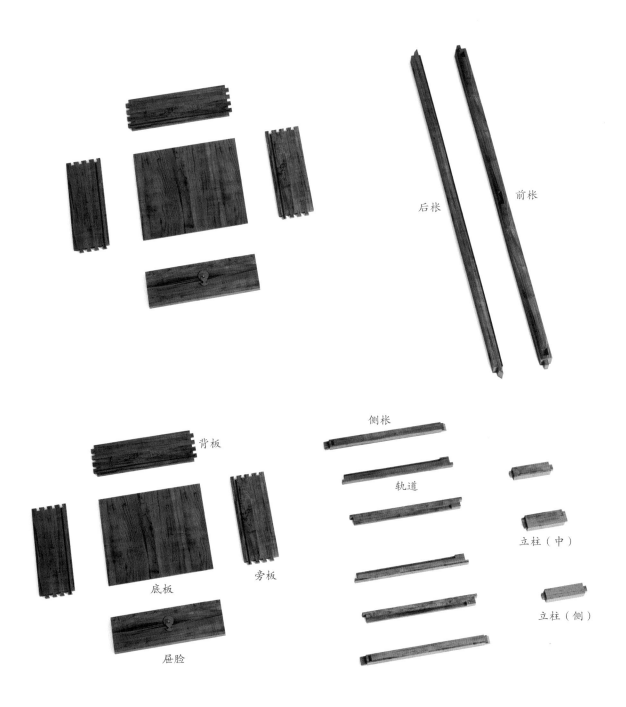

后枨　前枨

侧枨

轨道

背板

底板　旁板

屉脸

立柱（中）

立柱（侧）

部件示意—抽屉（效果图11）

81

部件示意—腿子（效果图 12）

上部背板（中）　　　上部背板（侧）

下部背板（中）

下部背板（侧）

部件示意—背板（效果图13）

部件示意—旁板（效果图 14）

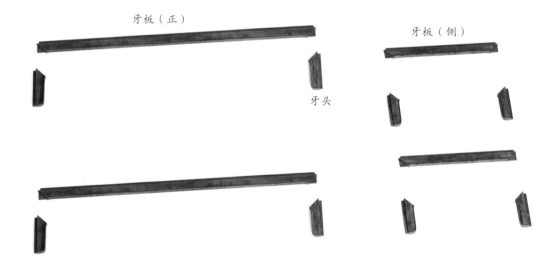

牙板（正）

牙板（侧）

牙头

部件示意—下牙子（效果图 15）

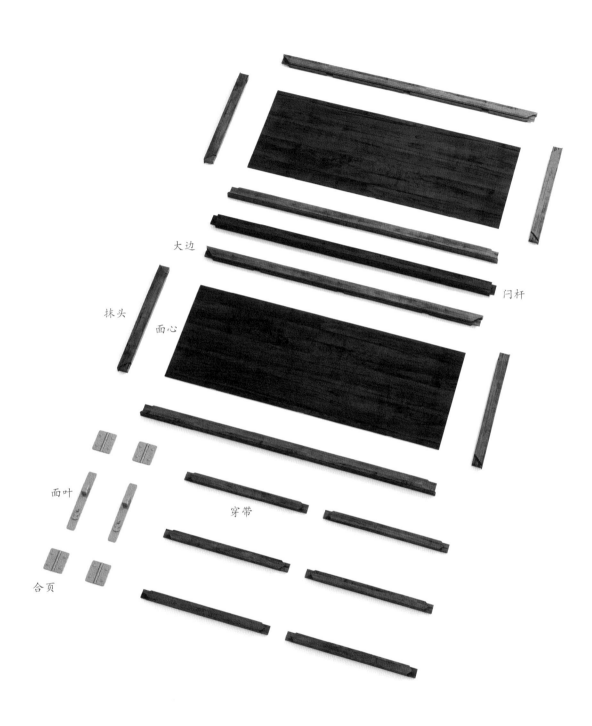

大边

闩杆

抹头

面心

面叶

穿带

合页

部件示意—柜门（效果图 16）

6. 细部详解

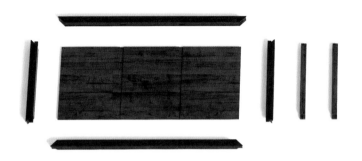

细部效果—顶板（效果图 17）

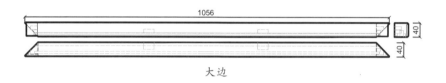

大边

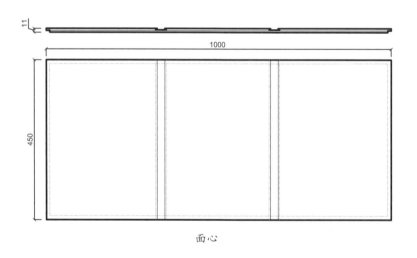

面心

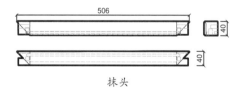

抹头

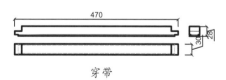

穿带

细部结构—顶板（CAD 图 2 ~ 图 5）

细部效果—底板（效果图 18）

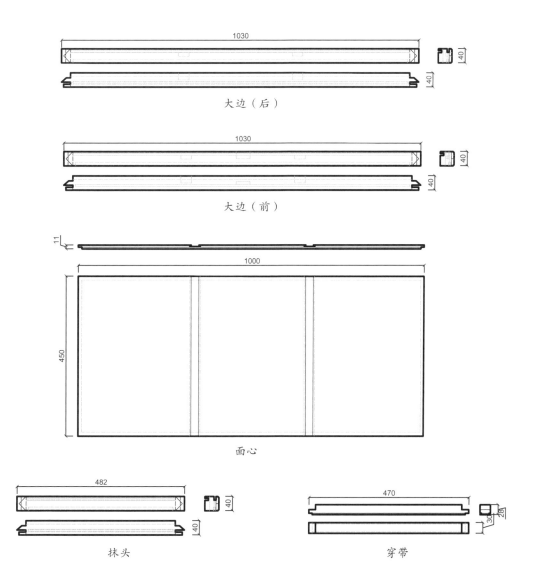

1030

40

40

大边（后）

1030

40

40

大边（前）

11

1000

450

面心

482

40

40

抹头

470

30 28

穿带

细部结构—底板（CAD 图 6 ~ 图 10）

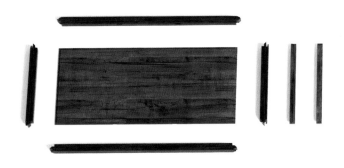

细部效果—亮格格板（效果图 19）

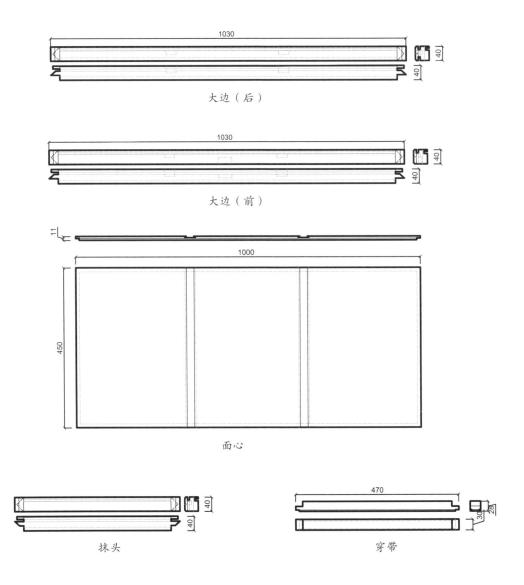

大边（后）

大边（前）

面心

抹头　　　　　　　　　　　　　穿带

细部结构—亮格格板（CAD 图 11 ~ 图 15）

细部效果—柜内格板（效果图 20）

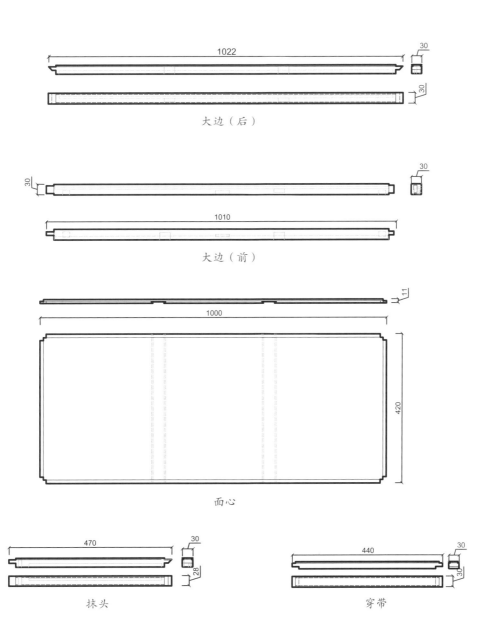

大边（后）

大边（前）

面心

抹头

穿带

细部结构—柜内格板（CAD 图 16 ~ 图 20）

89

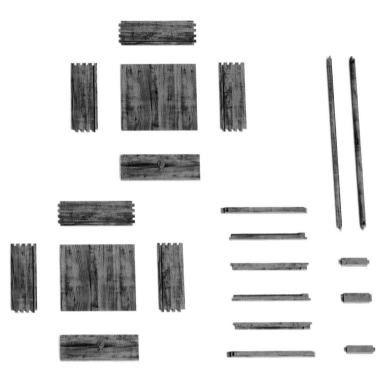

细部效果—抽屉（效果图 21）

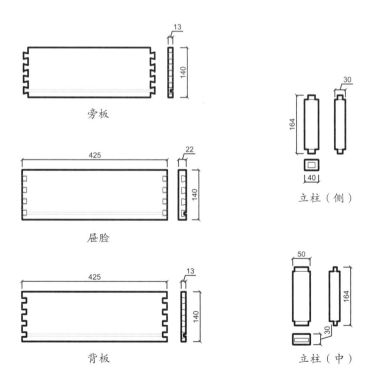

旁板

屉脸

背板

立柱（侧）

立柱（中）

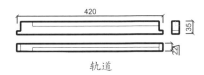

轨道

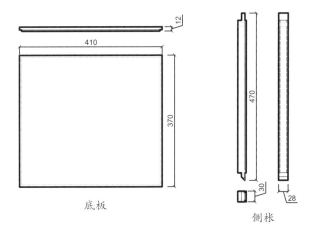

底板

侧枨

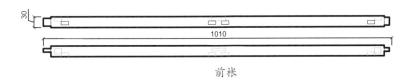

前枨

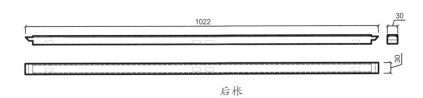

后枨

细部结构—抽屉（CAD 图 21 ~ 图 30）

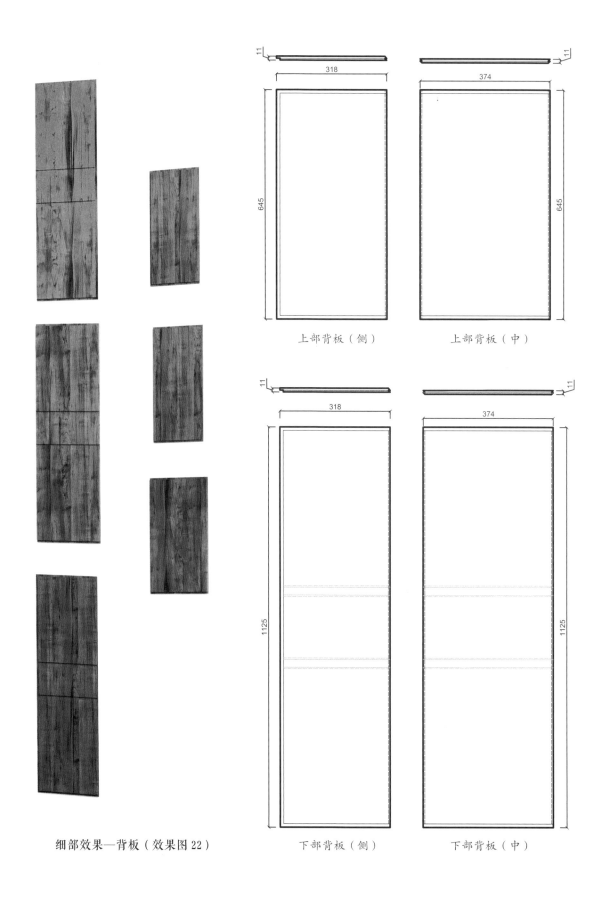

细部效果—背板（效果图 22）

上部背板（侧）　　　　上部背板（中）

下部背板（侧）　　　　下部背板（中）

细部结构—背板（CAD 图 31 ~ 图 34）

细部效果—旁板（效果图 23）

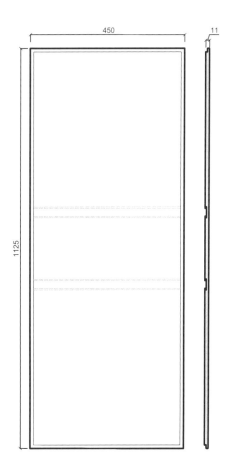

细部结构—旁板（CAD 图 35）

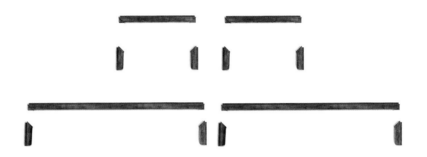

细部效果—下牙子（效果图 24）

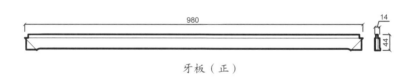

牙板（正）

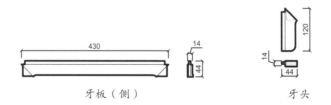

牙板（侧）　　牙头

细部结构—下牙子（CAD 图 36 ~ 图 38）

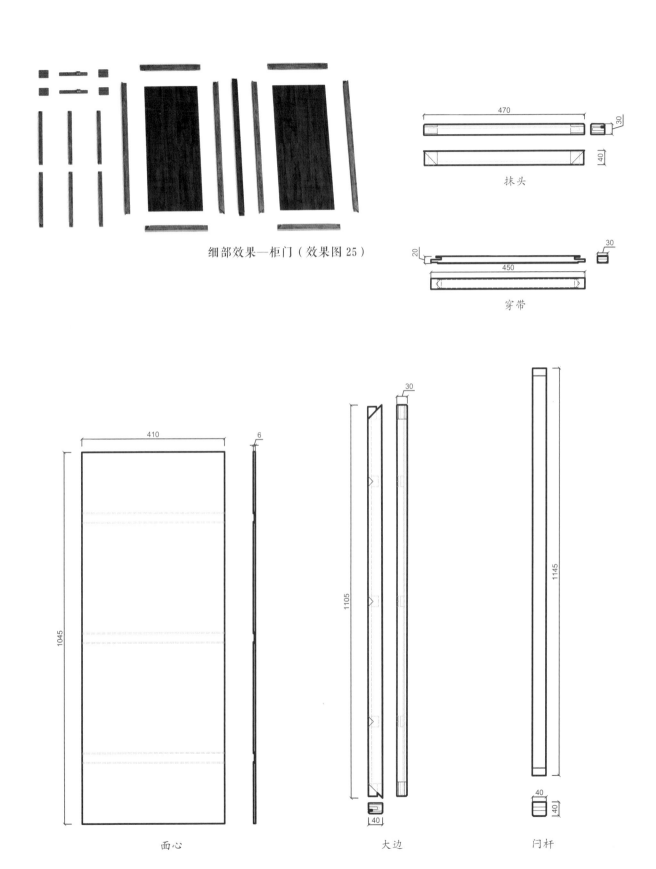

细部效果—柜门（效果图 25）

抹头

穿带

面心

大边

闩杆

细部结构—柜门（CAD 图 39 ~ 图 43）

细部效果—圈口结构（效果图 26）

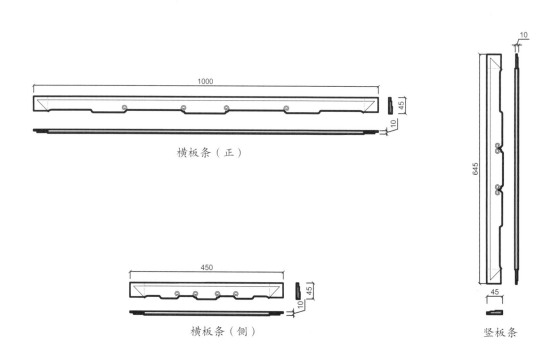

横板条（正）

横板条（侧）

竖板条

细部结构—圈口结构（CAD 图 44 ～ 图 46）

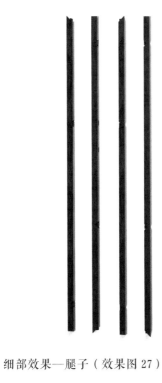

细部效果—腿子（效果图 27）

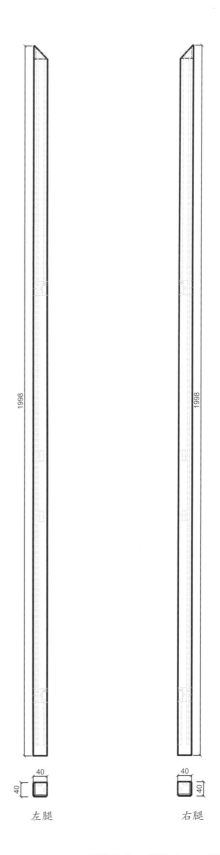

左腿   右腿

细部结构—腿子（CAD 图 47 ~ 图 48）

喷面直棂条圆角柜

材质：黄花梨

年款：明

整体外观（效果图 1）

1. 器形点评

此柜柜帽向外喷出，形成喷面。柜帽下对开两门，中有闩杆，安有铜镀金面叶。每扇柜门中部安有腰枨两根，腰枨之间攒框装绦环板，绦环板内为两具平列的抽屉。在柜门绦环板的上下各安有直棂条数根，形成空透的棂条式柜门。柜门之内的空间，以抽屉为界，在抽屉上下各安一层格板，使柜内空间分为四层。柜门之下装素牙板。四腿为圆材，直落到地。此柜在柜门上采用透空的棂条式做法，为"气死猫"的做法，显得空灵疏朗。柜内在抽屉上下各安格板，使空间分隔合理，十分实用。

2. CAD 图示

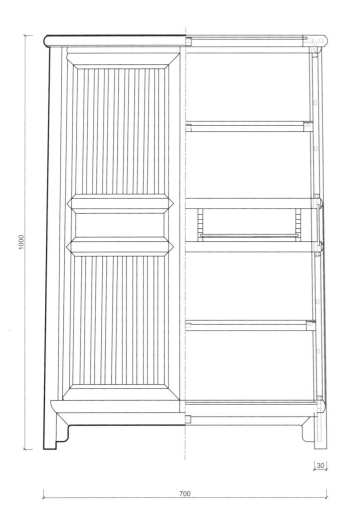

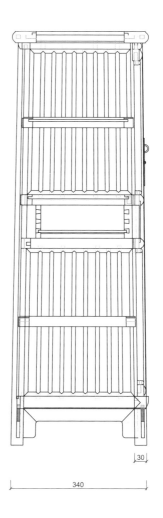

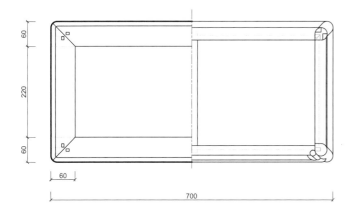

三视结构（CAD 图 1）

3. 用材效果

用材效果（材质：紫檀；效果图 2）

用材效果（材质：黄花梨；效果图 3）

用材效果（材质：红酸枝；效果图 4）

4. 结构爆炸

结构爆炸（效果图 5）

5. 部件示意

埽边（前）

埽边（后）

大边（后）

抹头

面心

大边（前）

埽边（侧）

穿带

部件示意—柜帽（效果图 6）

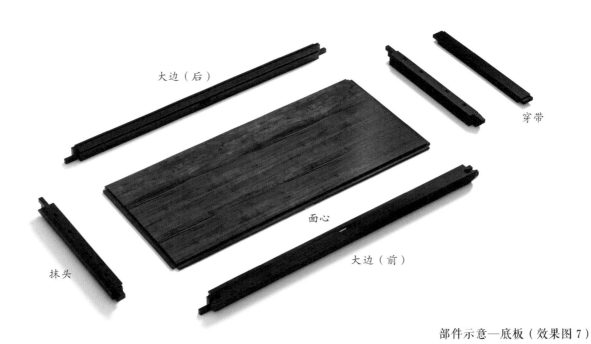

大边（后）

面心

抹头

大边（前）

穿带

部件示意—底板（效果图 7）

大边（后）

抹头

穿带

面心

大边（前）

部件示意—第一层格板（效果图 8）

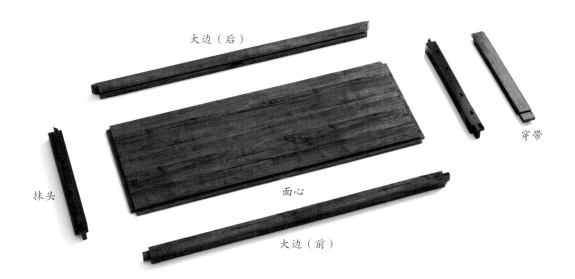

大边（后）

穿带

抹头

面心

大边（前）

部件示意—第二层格板（效果图 9）

103

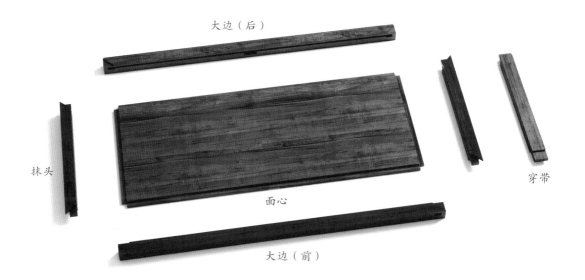

大边（后）

抹头

面心

穿带

大边（前）

部件示意—第三层格板（效果图 10）

部件示意—背板（效果图 11）

后枨

侧枨

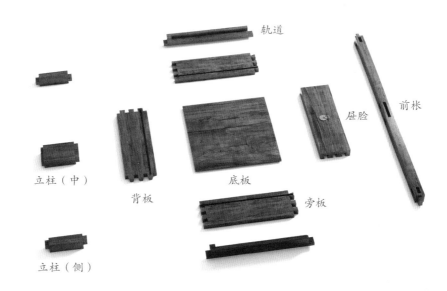

轨道

立柱（中）

背板

底板

屉脸

前枨

旁板

立柱（侧）

部件示意—抽屉（效果图 12）

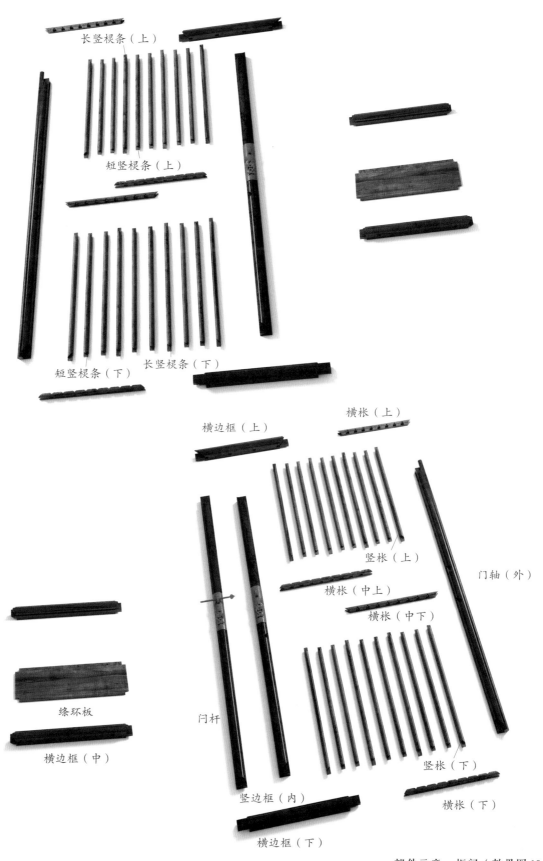

长竖棂条（上）

短竖棂条（上）

短竖棂条（下）　长竖棂条（下）

横边框（上）　　　横枨（上）

竖枨（上）

横枨（中上）

横枨（中下）

门轴（外）

绦环板

闩杆

横边框（中）

竖枨（下）

竖边框（内）　　横枨（下）

横边框（下）

部件示意—柜门（效果图 13）

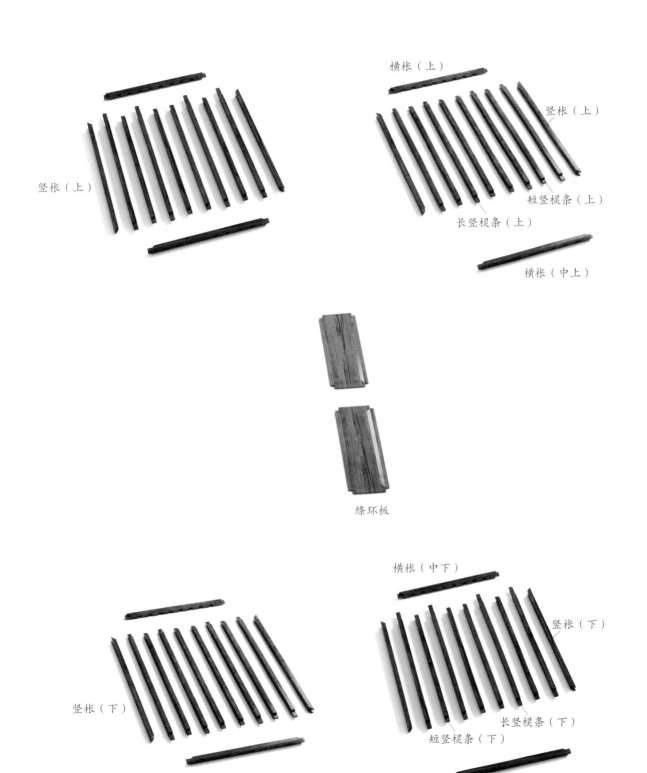

横枨（上）

竖枨（上）

竖枨（上）

短竖棂条（上）

长竖棂条（上）

横枨（中上）

绦环板

横枨（中下）

竖枨（下）

竖枨（下）

长竖棂条（下）

短竖棂条（下）

横枨（下）

部件示意—柜侧结构（效果图14）

部件示意—腿子（效果图 15）

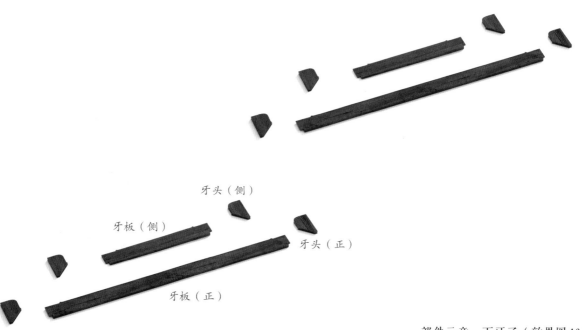

牙头（侧）

牙板（侧）

牙头（正）

牙板（正）

部件示意—下牙子（效果图 16）

108

6. 细部详解

细部效果—底板（效果图 17）

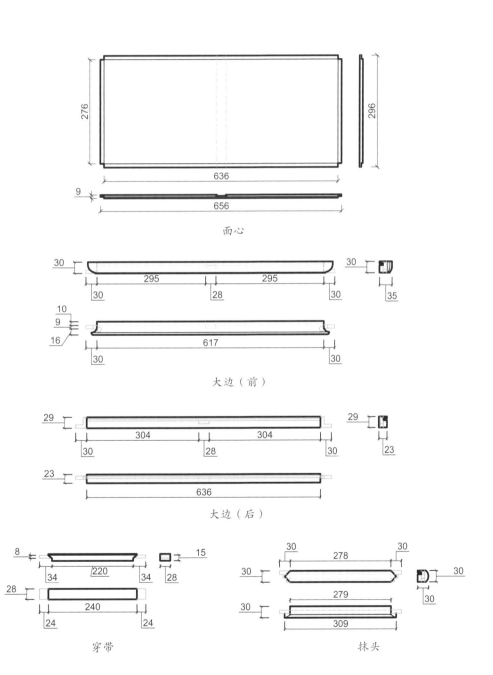

面心

大边（前）

大边（后）

穿带

抹头

细部效果—柜帽（效果图 18）

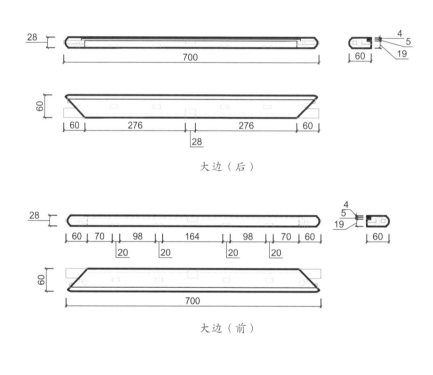

大边（后）

大边（前）

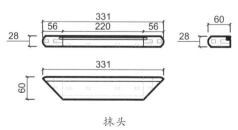

抹头

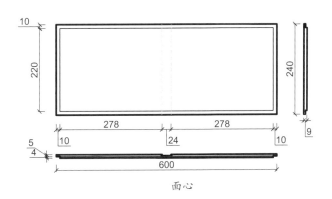

面心

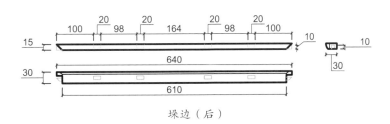

垛边（后）

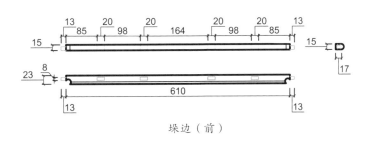

垛边（前）

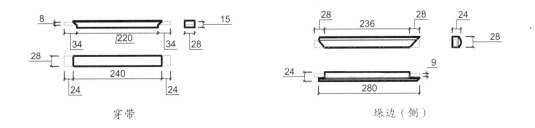

穿带

垛边（侧）

细部结构—柜帽（CAD 图 7 ~ 图 14）

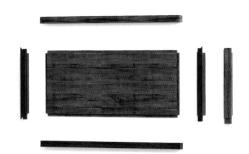

细部效果—第一层格板（效果图 19）

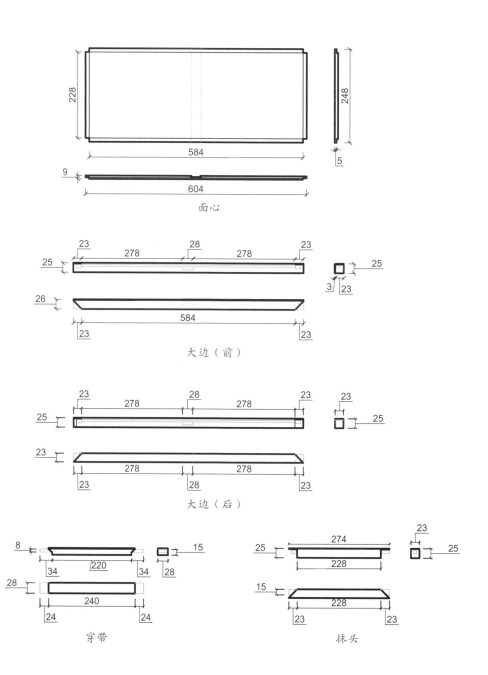

面心

大边（前）

大边（后）

穿带

抹头

细部效果—第二层格板（效果图 20）

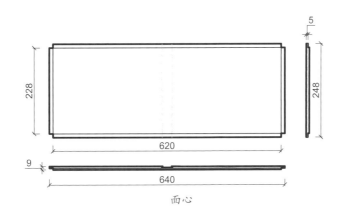

面心

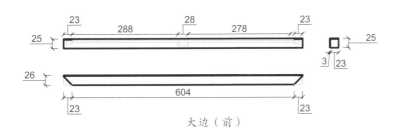

大边（前）

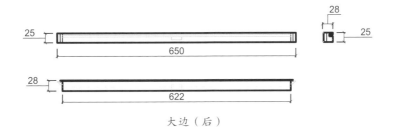

大边（后）

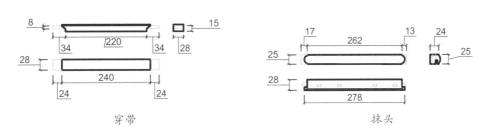

穿带　　　　　　　　　抹头

细部结构—第二层格板（CAD 图 20 ~ 图 24）

细部效果—第三层格板（效果图 21）

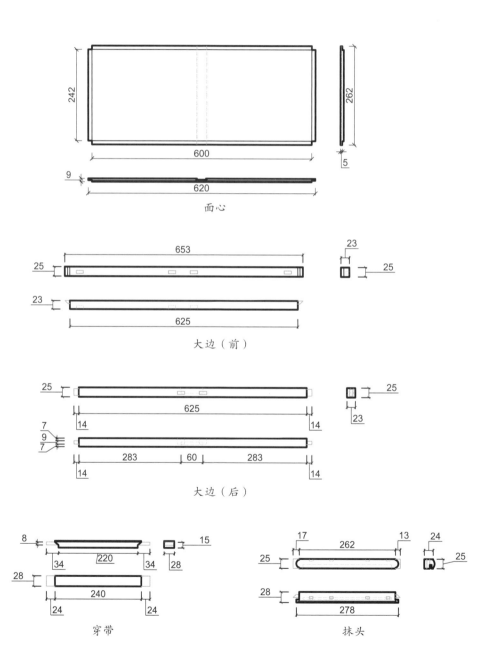

面心

大边（前）

大边（后）

穿带

抹头

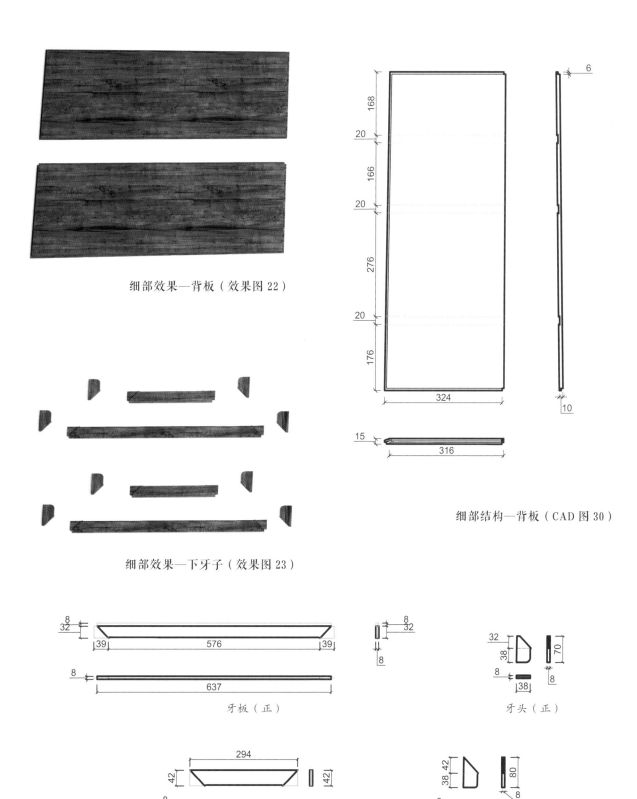

细部效果—背板（效果图 22）

细部效果—下牙子（效果图 23）

细部结构—背板（CAD 图 30）

牙板（正）

牙头（正）

牙板（侧）

牙头（侧）

细部结构—下牙子（CAD 图 31 ~ 图 34）

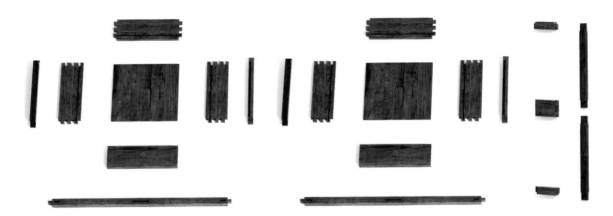

细部效果—抽屉（效果图 24）

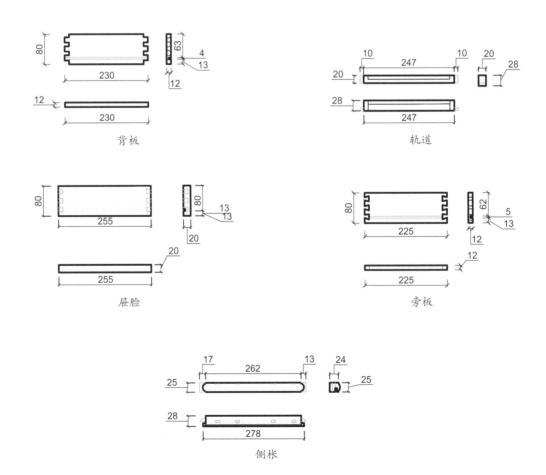

背板

轨道

屉脸

旁板

侧枨

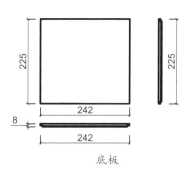

底板

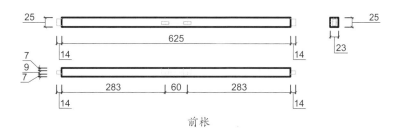

前枨

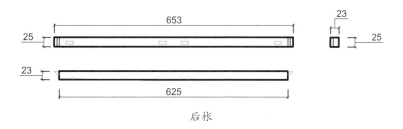

后枨

立柱（中）　　　　　　　　　立柱（侧）

细部结构—抽屉（CAD 图 35 ~ 图 44）

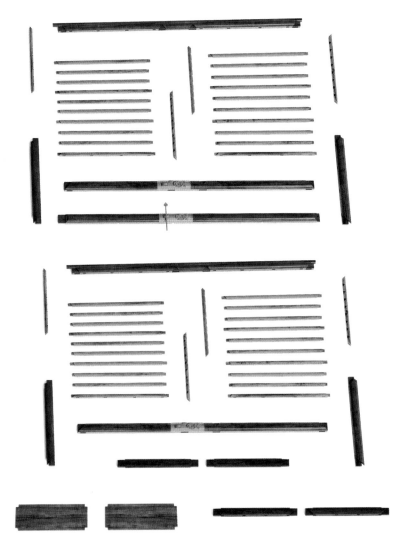

细部效果—柜门（效果图 25）

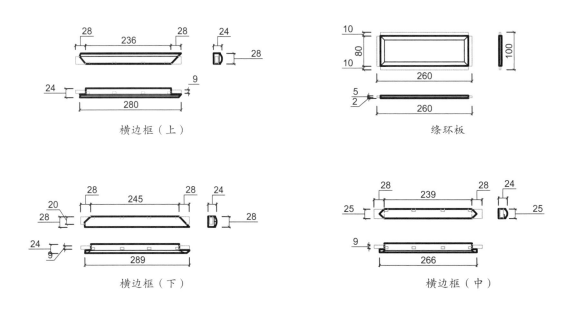

横边框（上）

绦环板

横边框（下）

横边框（中）

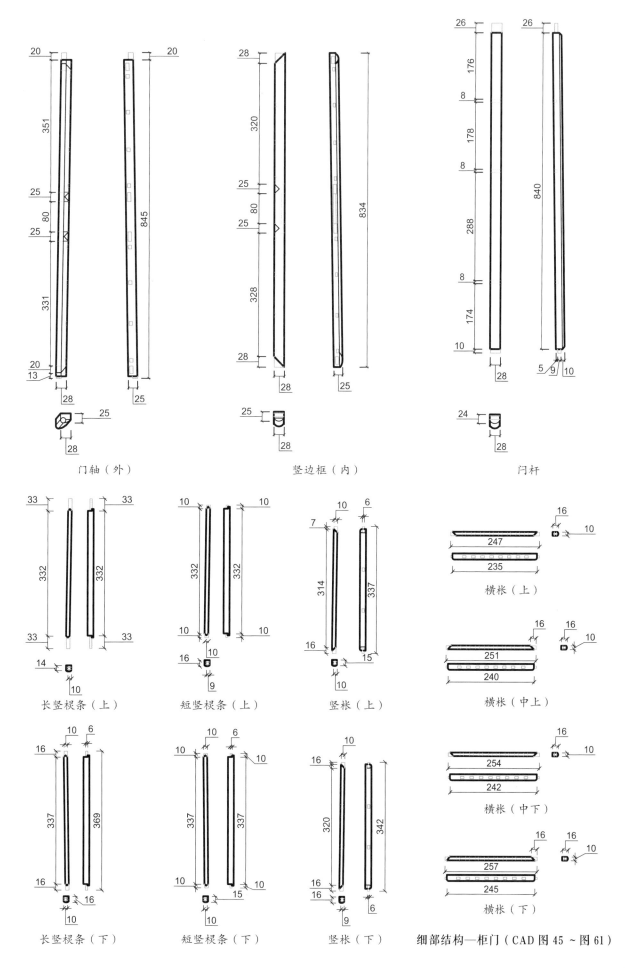

门轴（外）

竖边框（内）

闩杆

长竖棂条（上）

短竖棂条（上）

竖桄（上）

横桄（上）

横桄（中上）

长竖棂条（下）

短竖棂条（下）

竖桄（下）

横桄（中下）

横桄（下）

细部结构—柜门（CAD 图 45 ~ 图 61）

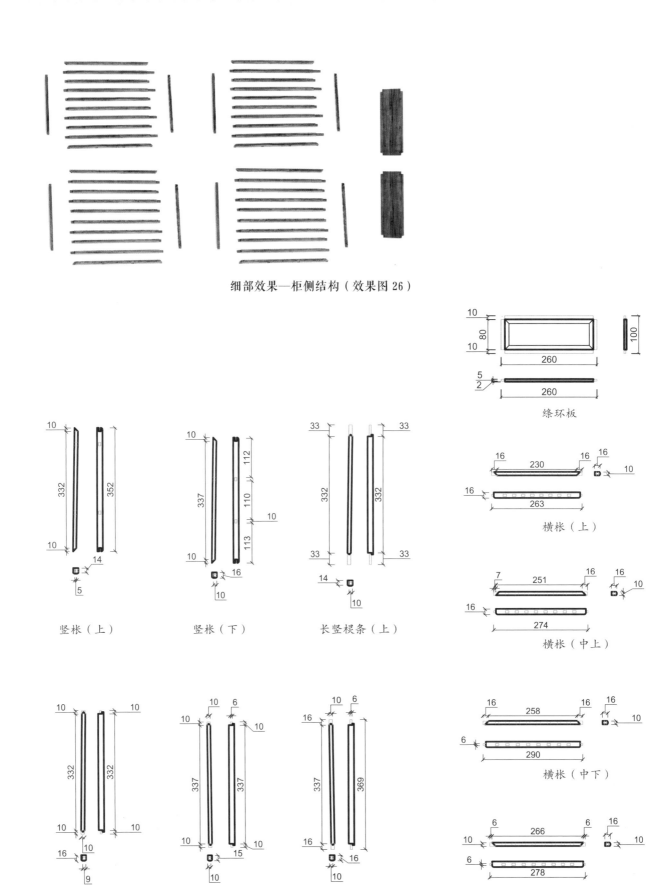

细部效果—柜侧结构（效果图 26）

绦环板

竖枨（上）

竖枨（下）

长竖槐条（上）

横枨（上）

横枨（中上）

短竖槐条（上）

短竖槐条（下）

长竖槐条（下）

横枨（中下）

横枨（下）

细部结构—柜侧结构（CAD 图 62 ～ 图 72）

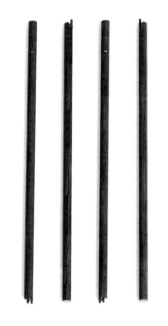

细部效果—腿子（效果图 27）

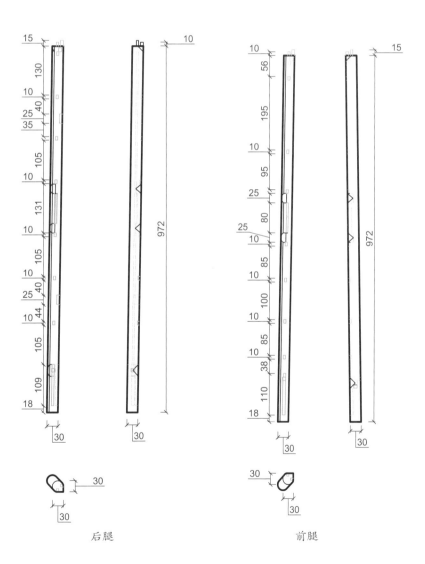

后腿　　　　　　　　　前腿

细部结构—腿子（CAD 图 73 ~ 图 74）

紫檀攒十字棂条架格

材质：黄花梨

年款：明

整体外观（效果图1）

1. 器形点评

此架格为齐头立方式，分为四层，上部为空敞的亮格。亮格之下为两层带有横竖材攒接的透空棂条式架格，架格上下平列四格。棂条架格之下接近腿足处安有一层格板，形成一层四面空敞的亮格。格板与四腿相交处安有云头角牙，四腿为圆材，直落到地。此架格设计十分精巧，以透空棂条作为分隔，将整个空间分为四层，两层空敞，两层安有透空棂条，空间富有变化，增加了一丝灵动之气。

2. CAD 图示

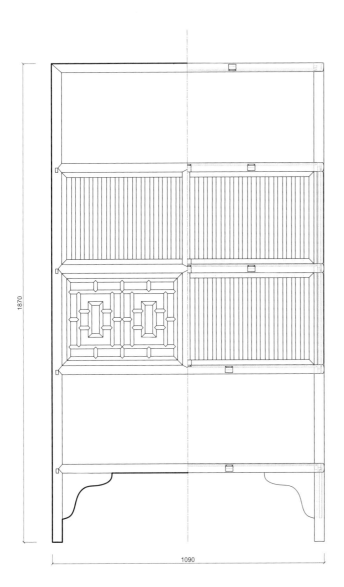

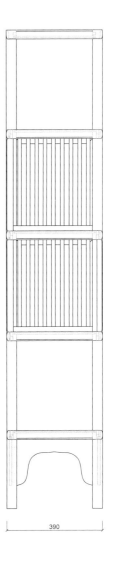

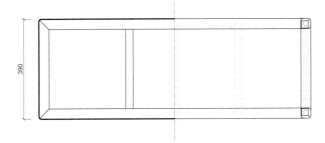

三视结构（CAD 图 1）

3. 用材效果

用材效果（材质：紫檀；效果图 2）

用材效果（材质：黄花梨；效果图 3）

用材效果（材质：红酸枝；效果图 4）

4. 结构爆炸

结构爆炸（效果图 5）

5. 部件示意

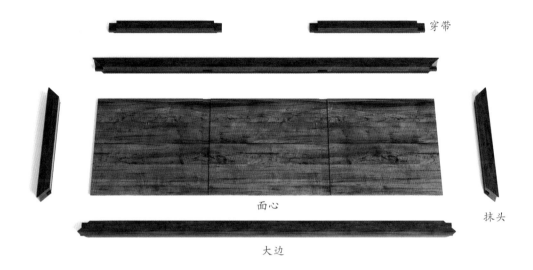

穿带

面心

抹头

大边

部件示意—顶板（效果图 6）

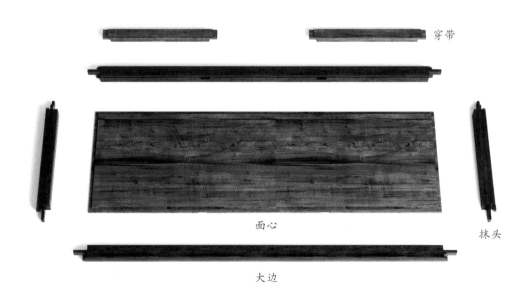

穿带

面心

抹头

大边

部件示意—底板（效果图 7）

126

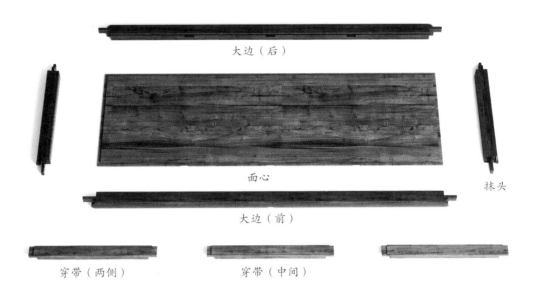

大边（后）

面心

抹头

大边（前）

穿带（两侧）　　　穿带（中间）

部件示意—第一层格板（效果图 8）

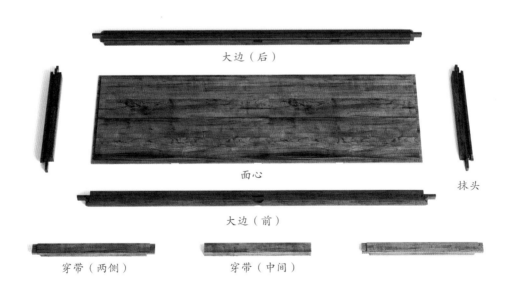

大边（后）

面心

抹头

大边（前）

穿带（两侧）　　　穿带（中间）

部件示意—第二层格板（效果图 9）

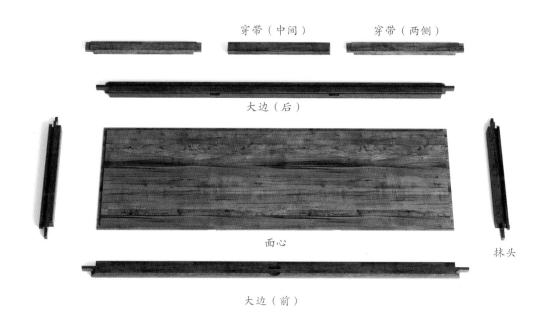

穿带（中间）　　　穿带（两侧）

大边（后）

面心

抹头

大边（前）

部件示意—第三层格板（效果图 10）

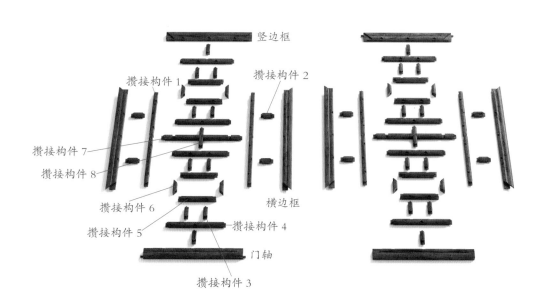

竖边框

攒接构件 1　　　　攒接构件 2

攒接构件 7

攒接构件 8

攒接构件 6　　　　横边框

攒接构件 5　　　　攒接构件 4

门轴

攒接构件 3

部件示意—柜门（效果图 11）

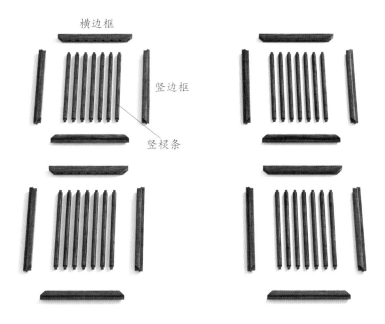

横边框

竖边框

竖棂条

部件示意—侧面棂格（效果图 12）

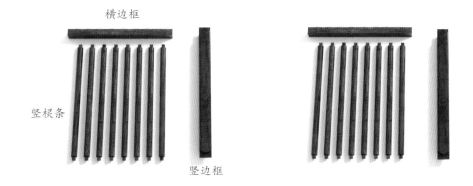

横边框

竖棂条

竖边框

部件示意—柜内棂格（效果图 13）

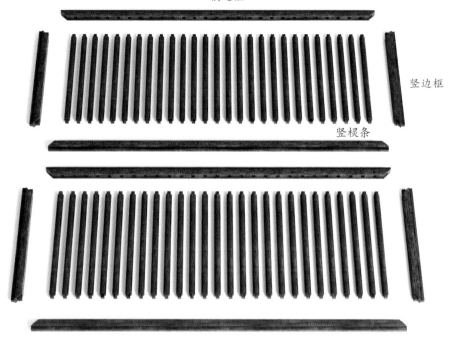

横边框

竖边框

竖棂条

部件示意—背面棂格（效果图 14）

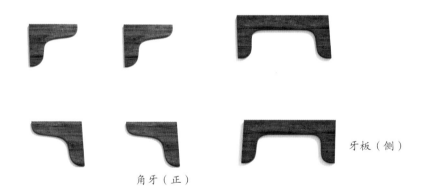

牙板（侧）

角牙（正）

部件示意—下牙子（效果图 15）

部件示意—腿子（效果图 16）

131

6. 细部详解

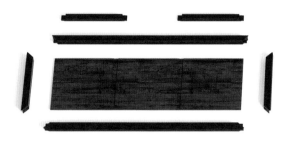

细部效果—顶板（效果图 17）

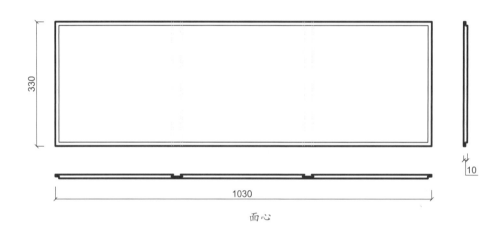

面心

大边

抹头　　　　　　　　穿带

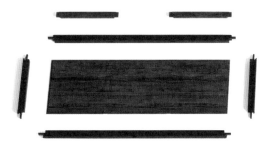

细部效果—底板（效果图 18）

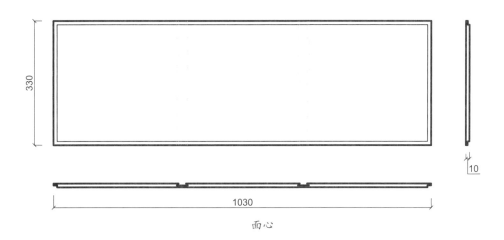

面心

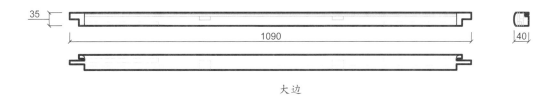

大边

抹头   穿带

细部结构—底板（CAD 图 6 ~ 图 9）

133

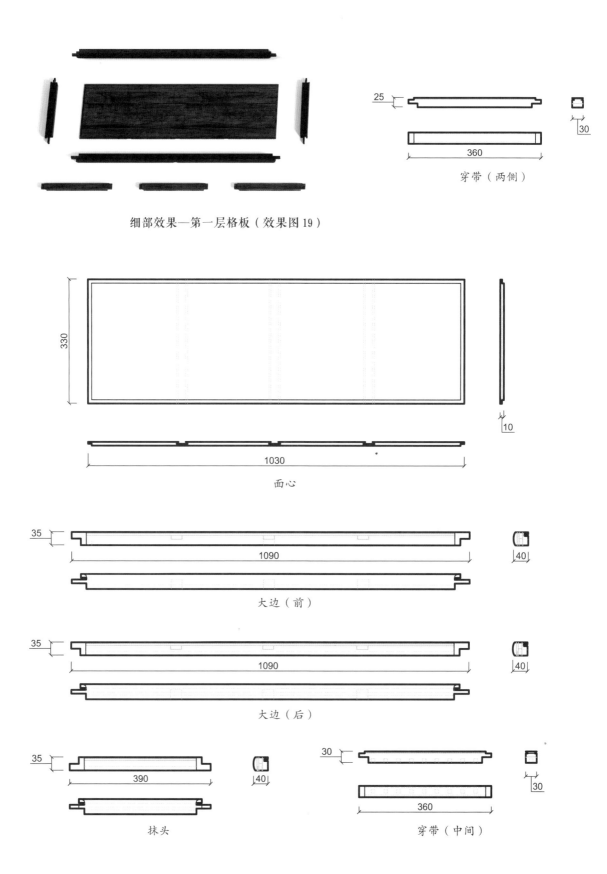

25

360

穿带（两侧）

30

细部效果—第一层格板（效果图 19）

330

1030

面心

10

35

1090

大边（前）

40

35

1090

大边（后）

40

35

390

抹头

40

30

360

穿带（中间）

30

细部结构—第一层格板（CAD 图 10 ~ 图 15）

134

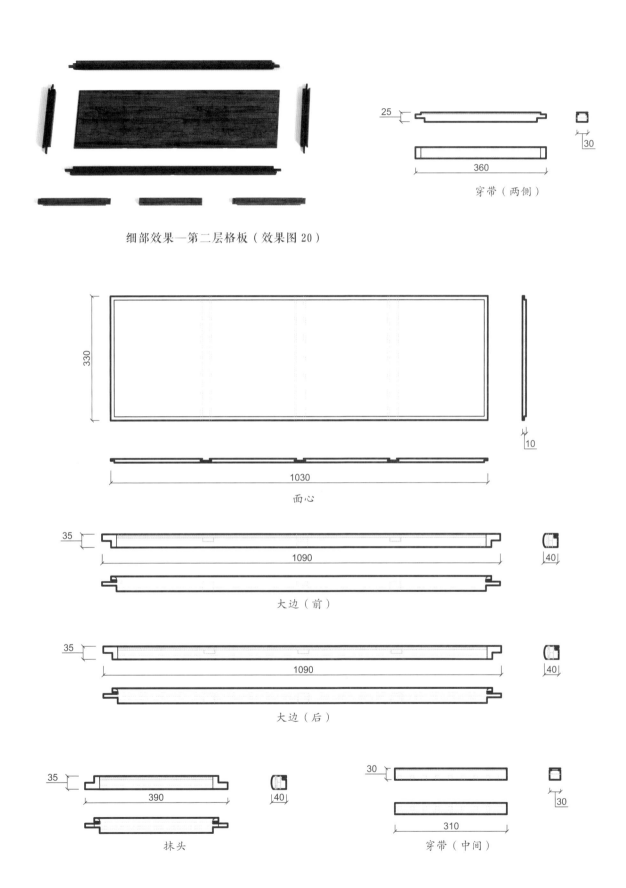

穿带（两侧）

细部效果—第二层格板（效果图 20）

面心

大边（前）

大边（后）

抹头

穿带（中间）

细部结构—第二层格板（CAD 图 16 ～ 图 21）

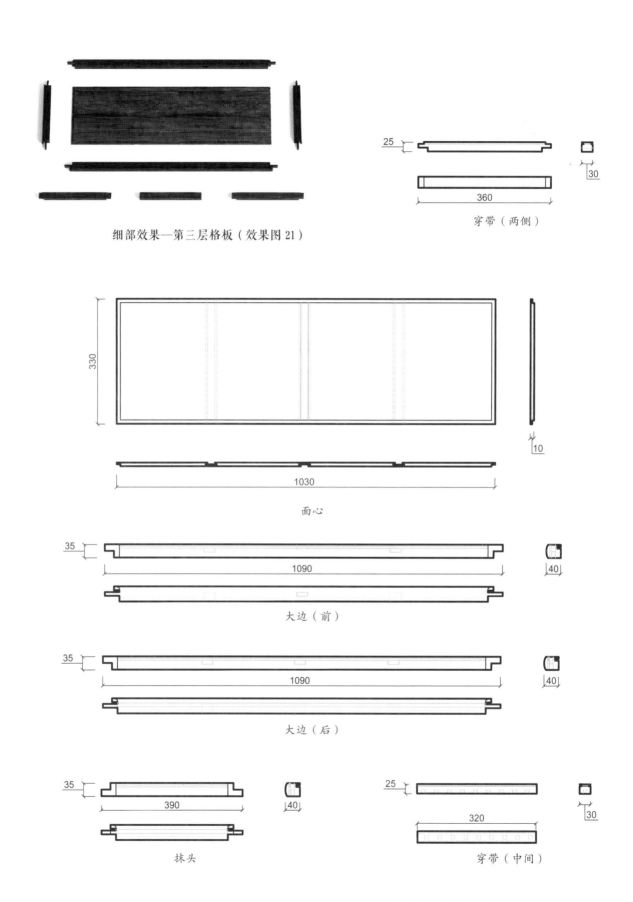

细部效果—第三层格板（效果图 21）

25

360

穿带（两侧）

30

330

1030

面心

10

35

1090

大边（前）

40

35

1090

大边（后）

40

35

390

抹头

40

25

320

穿带（中间）

30

细部结构—第三层格板（CAD 图 22 ~ 图 27）

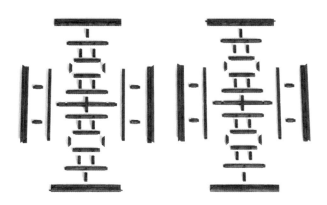

细部效果—柜门（效果图 22）

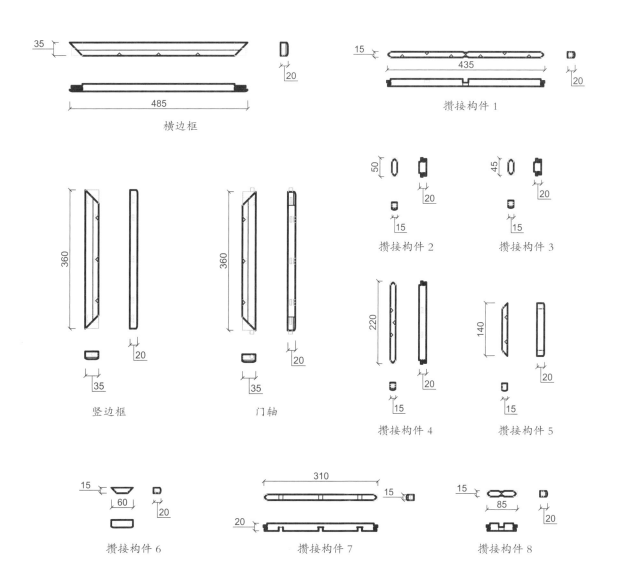

横边框

攒接构件 1

攒接构件 2

攒接构件 3

竖边框

门轴

攒接构件 4

攒接构件 5

攒接构件 6

攒接构件 7

攒接构件 8

细部结构—柜门（CAD 图 28 ~ 图 38）

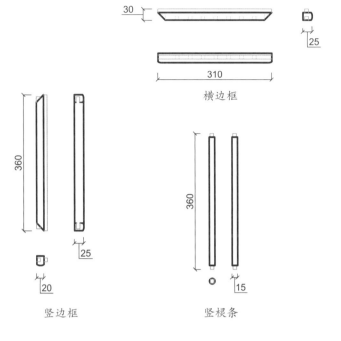

横边框

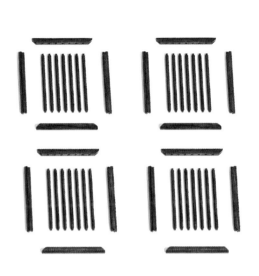

细部效果—侧面棂格（效果图 23）

竖边框　　　　　竖棂条

细部结构—侧面棂格（CAD 图 39 ~ 图 41）

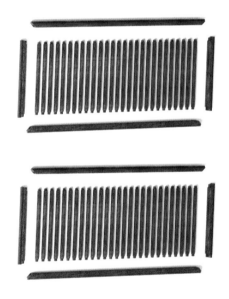

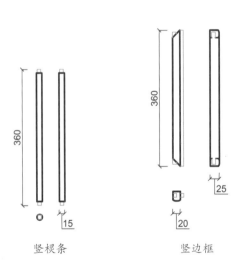

竖棂条　　　　　竖边框

细部效果—背面棂格（效果图 24）

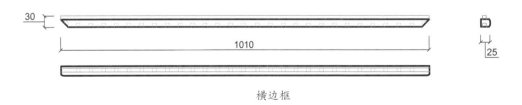

横边框

细部结构—背面棂格（CAD 图 42 ~ 图 44）

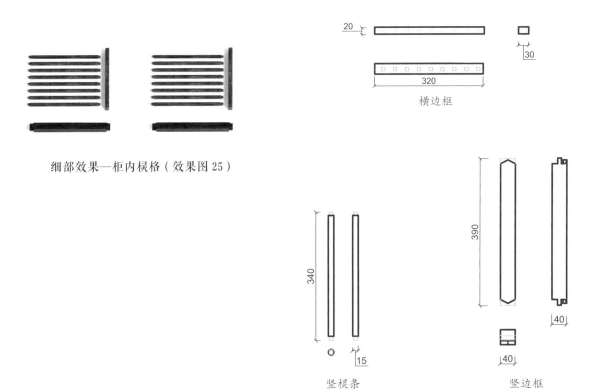

细部效果—柜内桄格（效果图 25）

横边框

竖桄条

竖边框

细部结构—柜内桄格（CAD 图 45 ～图 47）

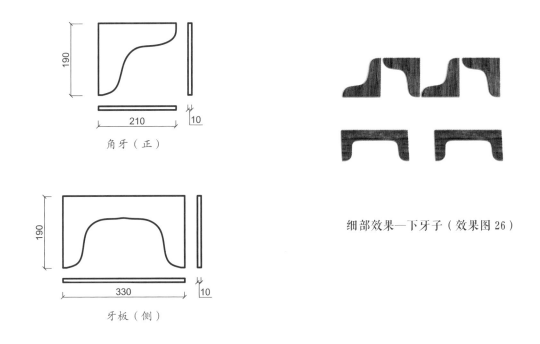

角牙（正）

细部效果—下牙子（效果图 26）

牙板（侧）

细部结构—下牙子（CAD 图 48 ～图 49）

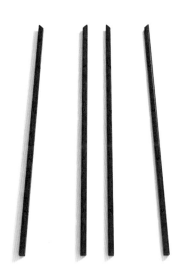

细部效果—腿子（效果图 27）

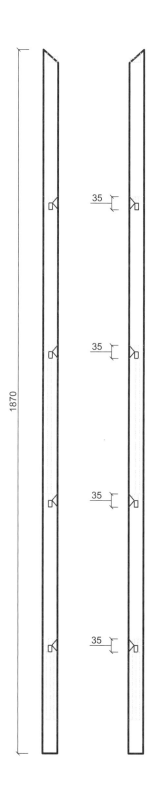

1870

35

35

35

35

40

40

前左腿

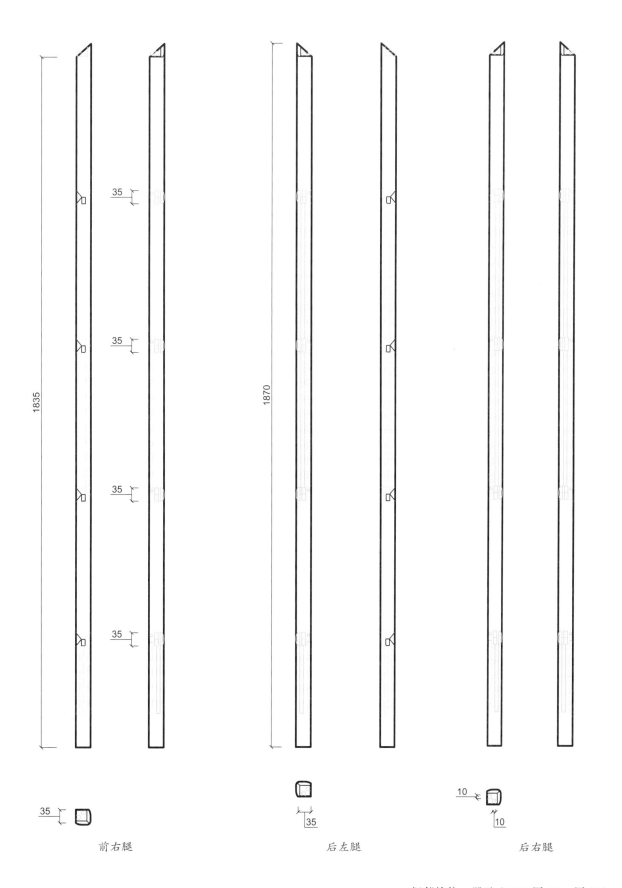

前右腿   后左腿   后右腿

细部结构—腿子（CAD 图 50 ~ 图 53 ）

141

双抽屉亮格书架

材质：红酸枝

年款：明

整体外观（效果图1）

1. 器形点评

此亮格书架格顶向外喷出，形成喷面。书架中部居下位置安有抽屉两具，抽屉之上为三层，三面空敞亮格，亮格下安横枨。枨与格板之间安铜钱纹如意卡子花。抽屉之下装两层亮格，一层安有横枨及铜钱纹卡子花，另一层四面空敞，屉板与四腿相交处装素牙板。四腿为圆材，直落到地。

2. CAD 图示

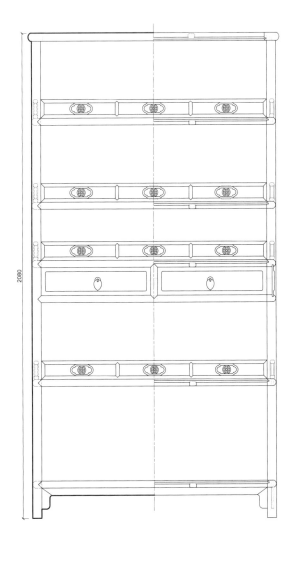

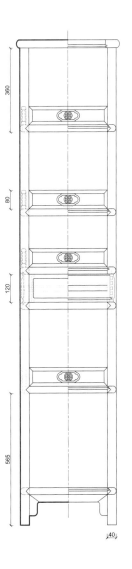

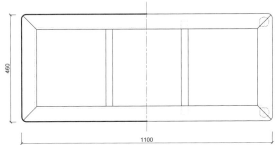

三视结构（CAD 图 1）

3. 用材效果

用材效果（材质：紫檀；效果图 2 ）

用材效果（材质：黄花梨；效果图 3 ）

用材效果（材质：红酸枝；效果图 4 ）

4. 结构爆炸

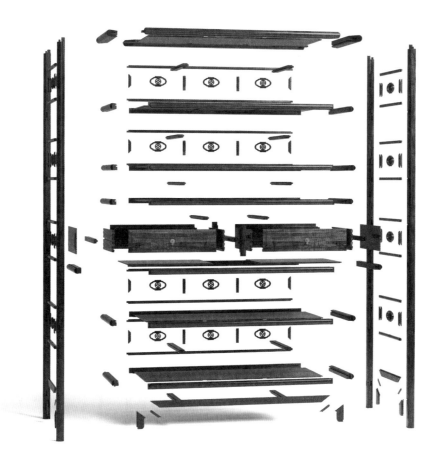

结构爆炸（效果图 5）

5. 部件示意

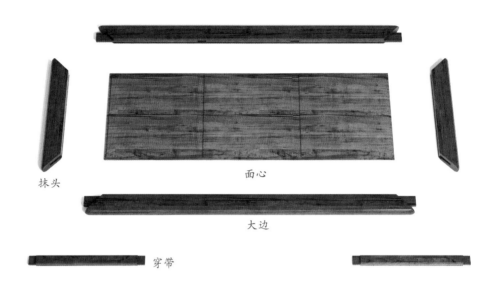

抹头

面心

大边

穿带

部件示意—顶板（效果图 6）

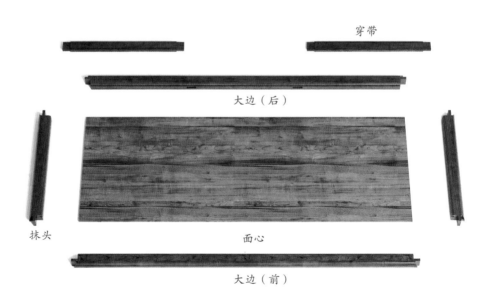

穿带

大边（后）

抹头

面心

大边（前）

部件示意—底板（效果图 7）

大边（后）

抹头

面心

大边（前）

穿带

部件示意—第一、二、四层格板（效果图 8）

147

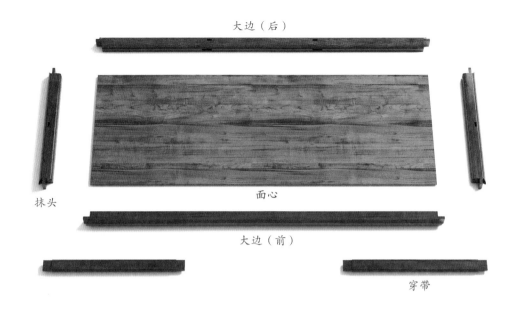

大边（后）

抹头

面心

大边（前）

穿带

部件示意—第三层格板（效果图9）

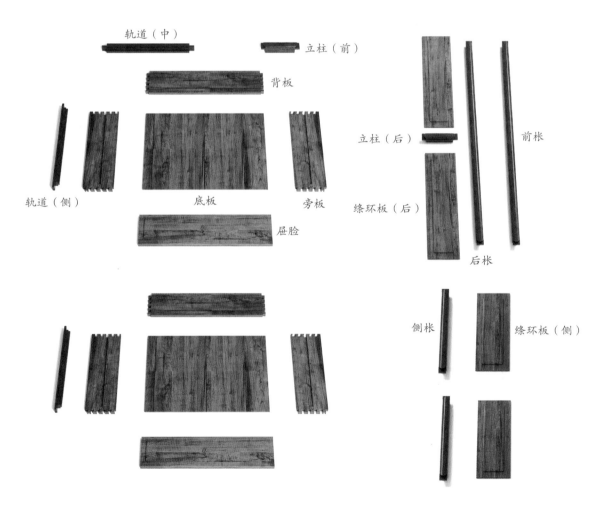

轨道（中）

立柱（前）

背板

轨道（侧）

底板

旁板

屉脸

立柱（后）

绦环板（后）

前帐

后帐

侧帐

绦环板（侧）

部件示意—抽屉（效果图10）

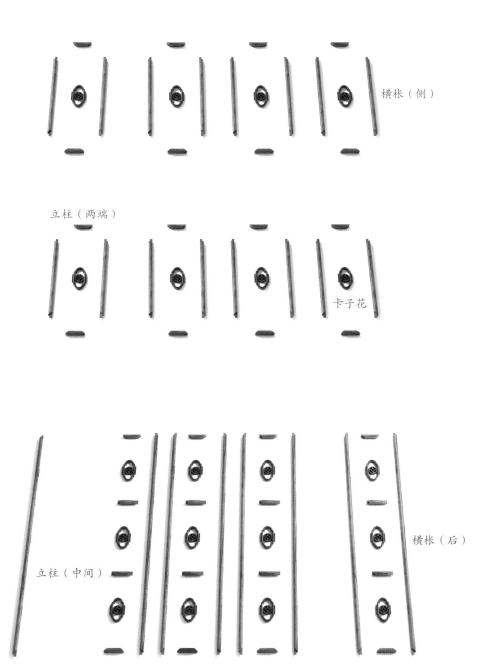

横枨（侧）

立柱（两端）

卡子花

立柱（中间）

横枨（后）

部件示意—围栏结构（效果图11）

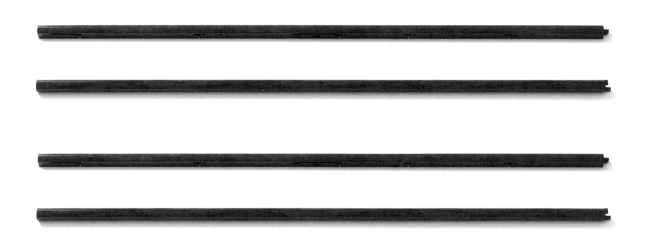

部件示意—腿子（效果图 12）

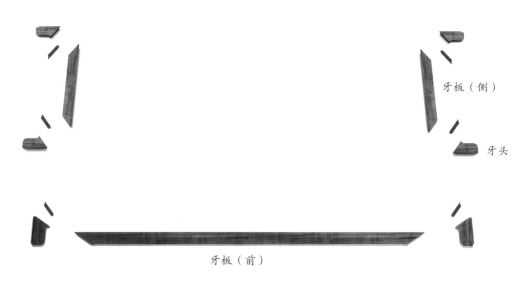

牙板（侧）

牙头

牙板（前）

部件示意—下牙子（效果图 13）

150

6. 细部详解

细部效果—顶板（效果图 14）

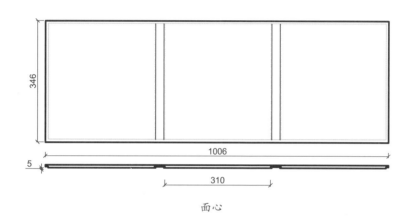

面心

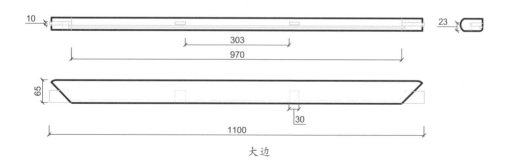

大边

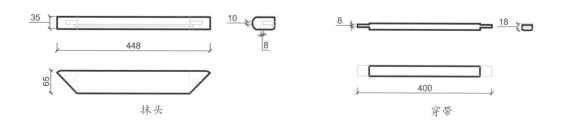

抹头   穿带

细部结构—顶板（CAD 图 2 ~ 图 5）

细部效果—底板（效果图 15）

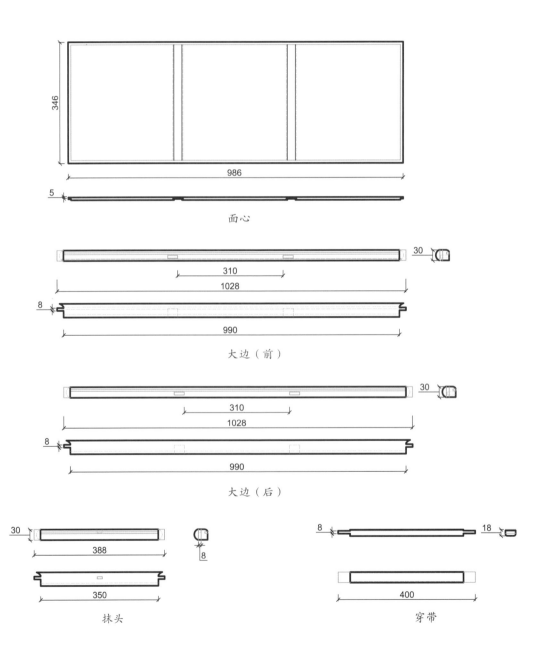

面心

大边（前）

大边（后）

抹头

穿带

细部结构—底板（CAD 图 6 ~ 图 10）

细部效果—第三层格板（效果图 16）

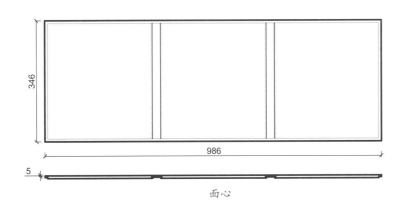

面心

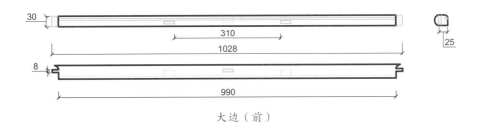

大边（前）

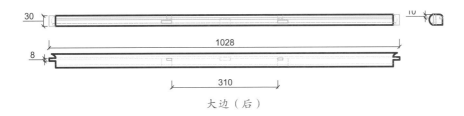

大边（后）

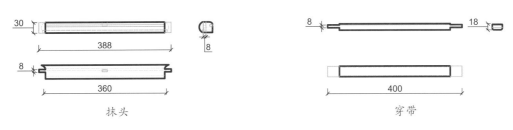

抹头   穿带

细部结构—第三层格板（CAD 图 11 ~ 图 15）

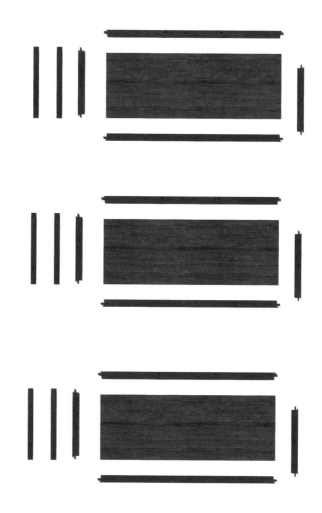

细部效果—第一、二、四层格板（效果图 17）

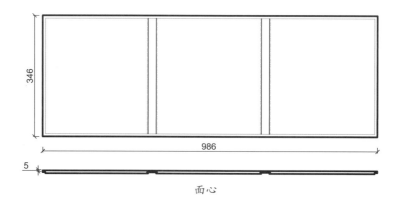

面心

大边（前）

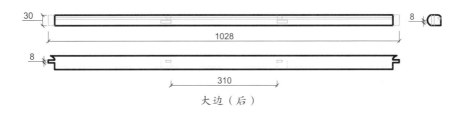

大边（后）

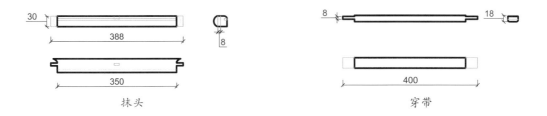

抹头

穿带

细部结构—第一、二、四层格板（CAD 图 16 ~ 图 20 ）

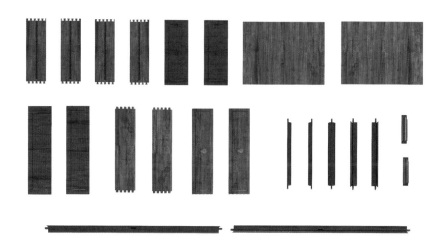

细部效果—抽屉（效果图 18）

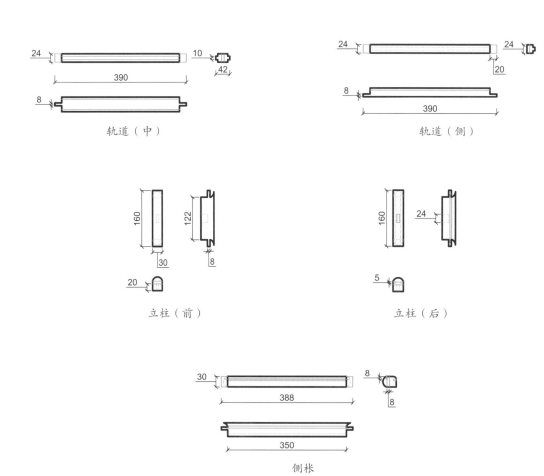

轨道（中）

轨道（侧）

立柱（前）

立柱（后）

侧枨

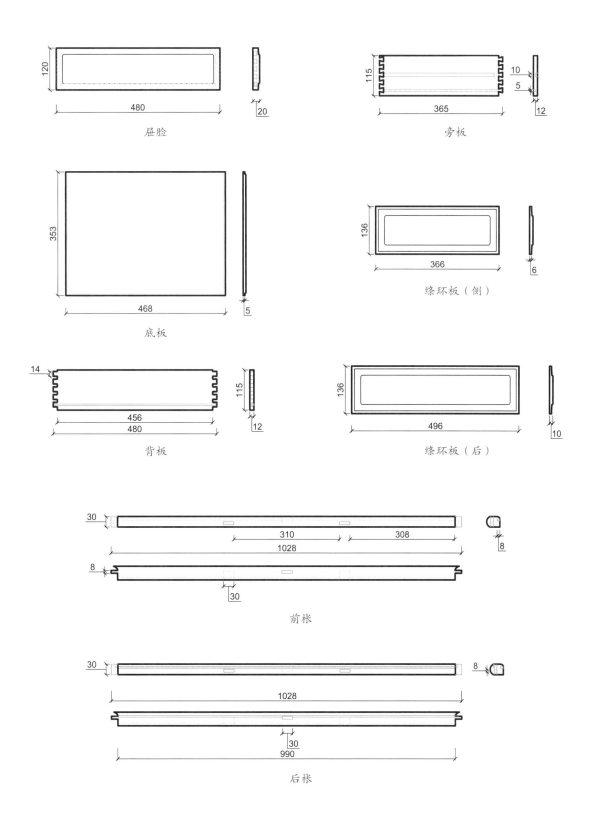

屉脸

旁板

底板

绦环板（侧）

背板

绦环板（后）

前枨

后枨

细部结构—抽屉（CAD 图 21 ～ 图 33 ）

157

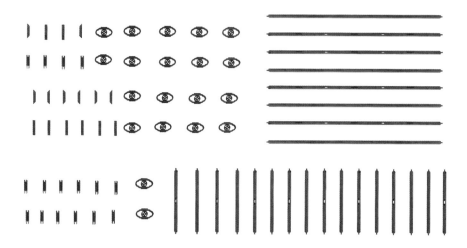

细部效果—围栏结构（效果图 19 ）

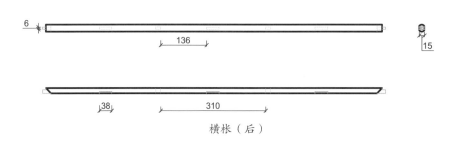

6

136

15

38   310

横枨（后）

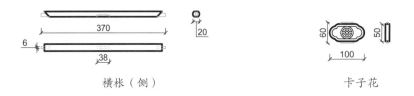

370

20

6

38

横枨（侧）

60   50

100

卡子花

80   50

15   20

立柱（两端）

65   85   50

15   15

20

立柱（中间）

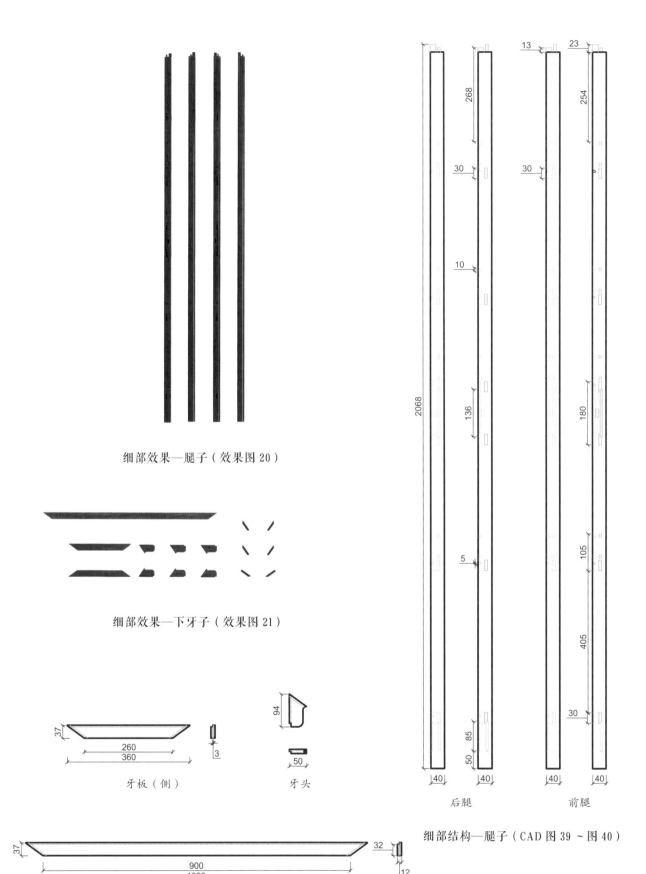

细部效果—腿子（效果图 20）

细部效果—下牙子（效果图 21）

牙板（侧）　　牙头

牙板（前）

细部结构—腿子（CAD 图 39 ~ 图 40）

细部结构—下牙子（CAD 图 41 ~ 图 43）

后腿　　　前腿

159

拐子纹券口多宝格

材质：紫檀

年款：清

整体外观（效果图1）

1. 器形点评

此多宝格为四面平式，自上而下为敞格、抽屉及柜门三部分。上部分为高低错落的七个敞格，敞格正面安有拐子纹券口，敞格侧面立墙处开有形状不同的几何纹透光。敞格之下的中部安有抽屉两具。抽屉之下的下部分为对开两门，两门为硬挤门形式，两门中间安有铜镀金面叶，边框安有铜镀金合页。四腿为方材，直落到地，四腿与柜门间安素牙板。

2. CAD 图示

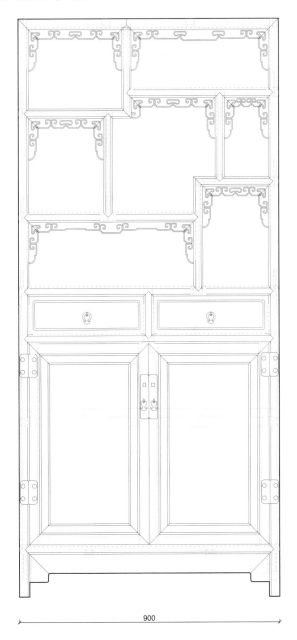

900

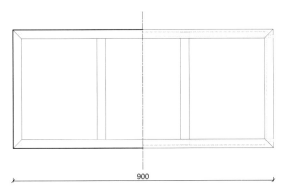

900

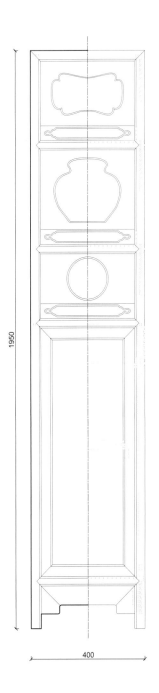

1950

400

三视结构（CAD 图 1）

3. 用材效果

用材效果（材质：紫檀；效果图 2）

用材效果（材质：黄花梨；效果图 3）

用材效果（材质：红酸枝；效果图 4）

4. 结构爆炸

结构爆炸（效果图 5）

5. 部件示意

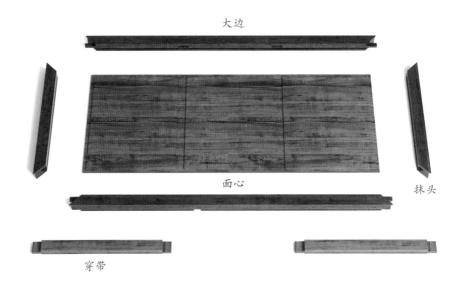

大边

面心

抹头

穿带

部件示意—顶板（效果图 6）

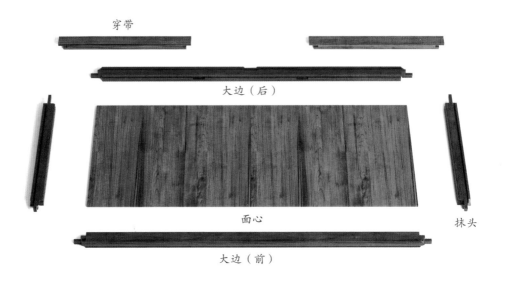

穿带

大边（后）

面心

抹头

大边（前）

部件示意—底板（效果图 7）

164

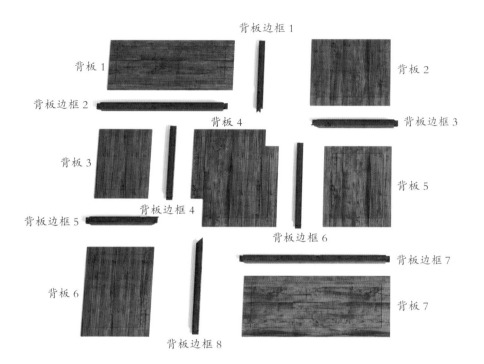

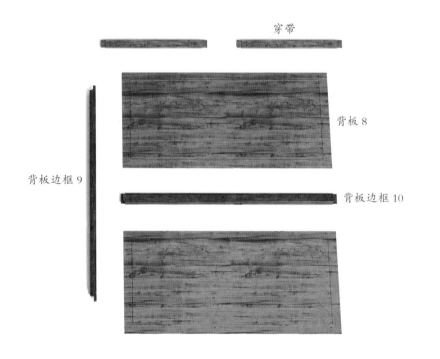

部件示意—背板（效果图 8）

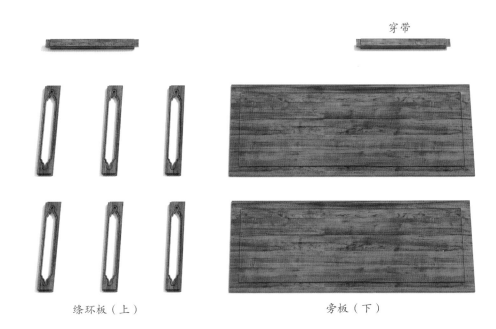

穿带

绦环板（上）　　　　　　　　旁板（下）

部件示意—旁板（效果图 9）

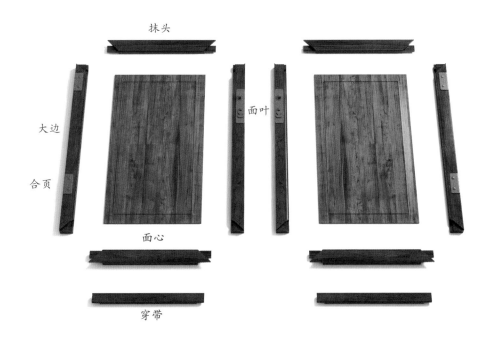

抹头

大边

合页

面叶

面心

穿带

部件示意—柜门（效果图 10）

166

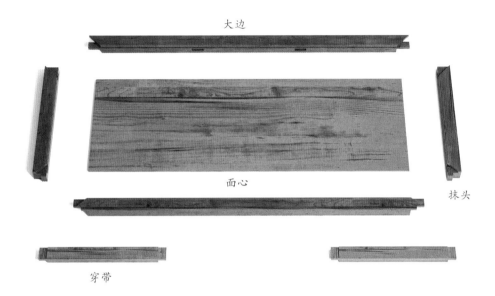

大边

面心

抹头

穿带

部件示意—柜内格板（效果图11）

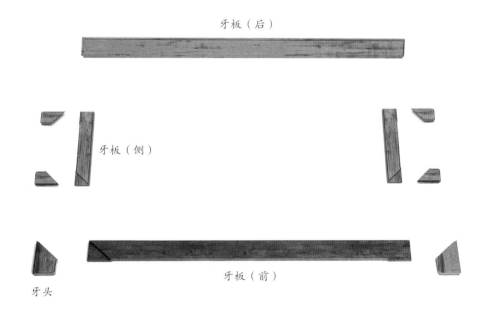

牙板（后）

牙板（侧）

牙板（前）

牙头

部件示意—下牙子（效果图12）

167

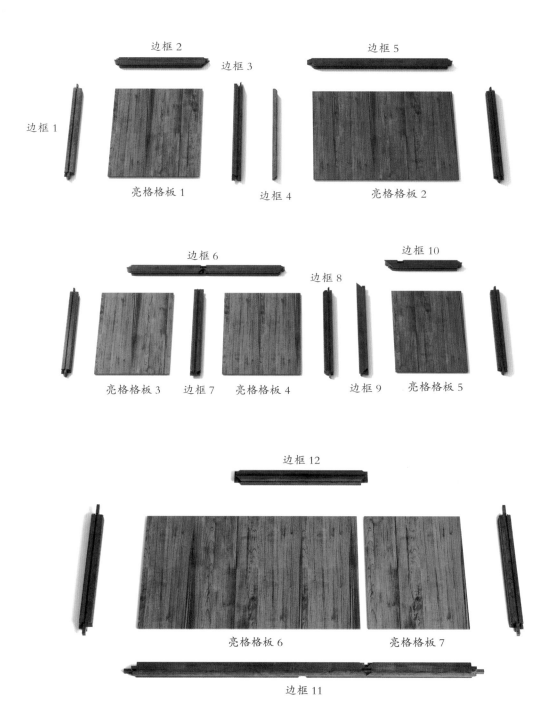

部件示意—亮格格板（效果图13）

168

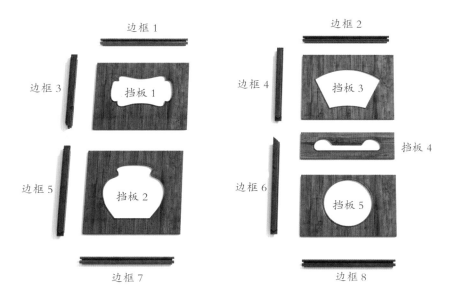

边框 1

挡板 1

边框 3

边框 2

挡板 3

边框 4

边框 5

挡板 2

挡板 4

边框 6

挡板 5

边框 7

边框 8

部件示意—挡板（效果图 14）

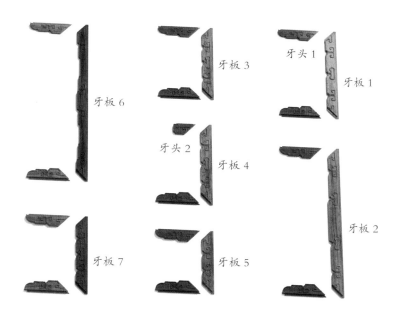

牙板 3

牙头 1

牙板 1

牙板 6

牙头 2

牙板 4

牙板 2

牙板 7

牙板 5

部件示意—上牙子（效果图 15）

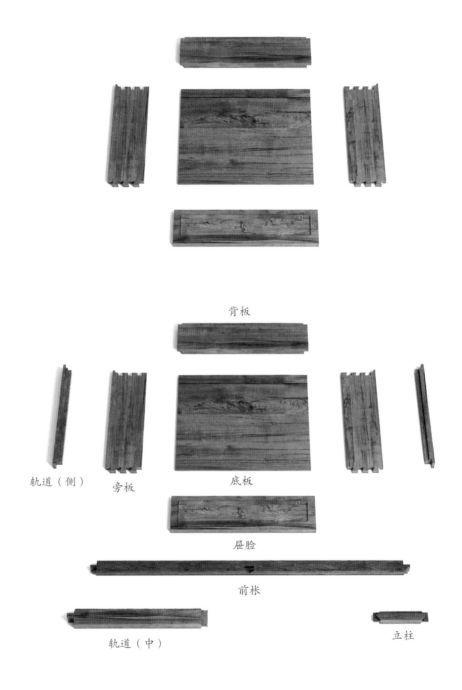

背板

轨道（侧）   旁板   底板

屉脸

前栈

轨道（中）   立柱

部件示意—抽屉（效果图 16）

170

后腿　　　前腿

部件示意—腿子（效果图 17）

6. 细部详解

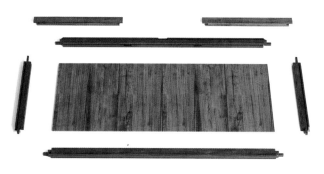

细部效果—顶板（效果图 18）

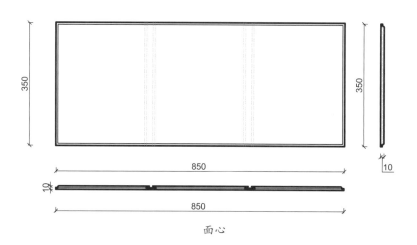

面心

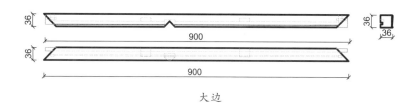

大边

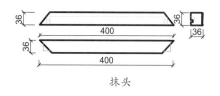

抹头

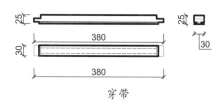

穿带

细部结构—顶板（CAD 图 2 ~ 图 5）

细部效果—底板（效果图 19）

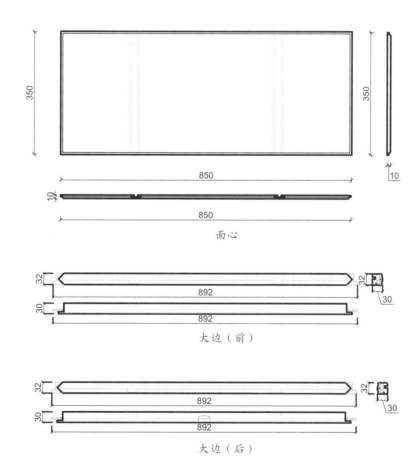

面心

大边（前）

大边（后）

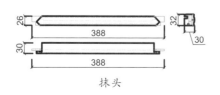

抹头

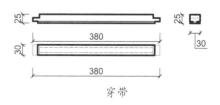

穿带

细部结构—底板（CAD 图 6 ~ 图 10）

细部效果—柜内格板（效果图 20）

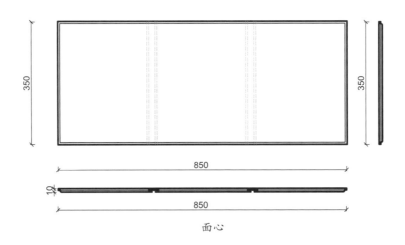

面心

大边

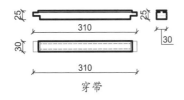

穿带

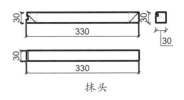

抹头

细部结构—柜内格板（CAD 图 11 ~ 图 14）

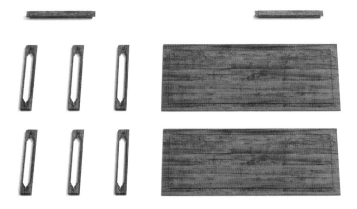

细部效果—旁板（效果图 21）

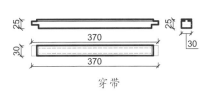

穿带

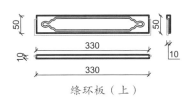

绦环板（上）

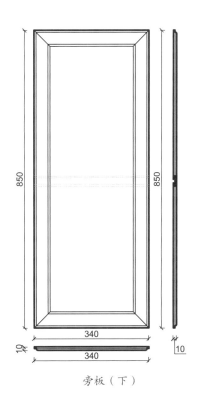

旁板（下）

细部结构—旁板（CAD 图 15 ~ 图 17）

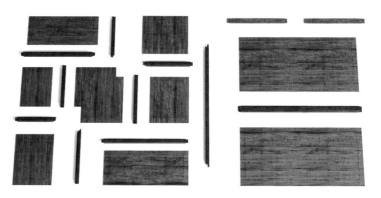

细部效果—背板（效果图 22）

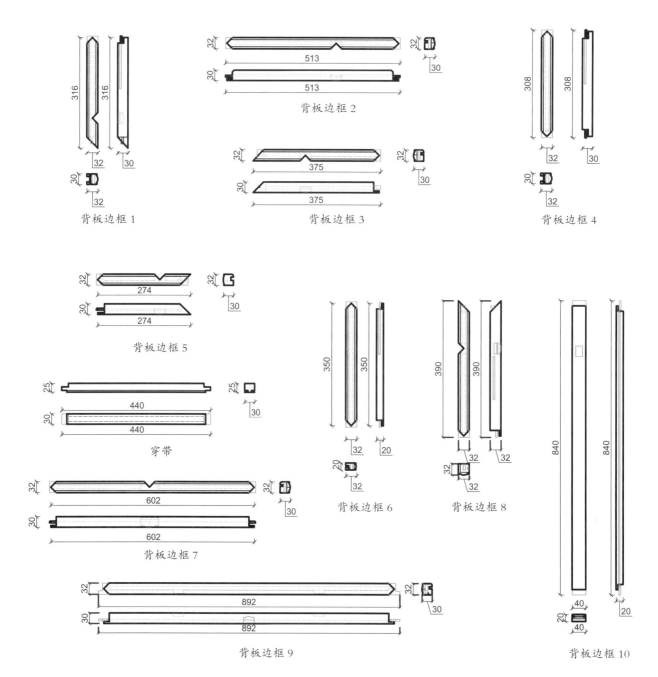

背板边框 1

背板边框 2

背板边框 3

背板边框 4

背板边框 5

穿带

背板边框 7

背板边框 6

背板边框 8

背板边框 9

背板边框 10

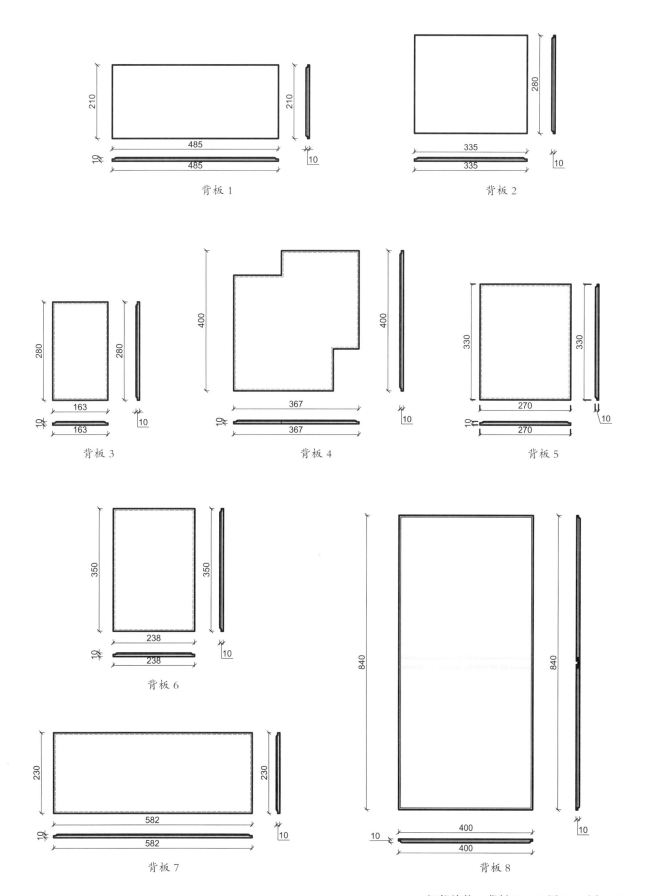

背板 1

背板 2

背板 3

背板 4

背板 5

背板 6

背板 7

背板 8

细部结构—背板（CAD 图 18 ~ 图 36）

细部效果—挡板（效果图 23）

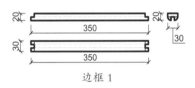

边框 1

边框 2

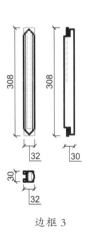

边框 3

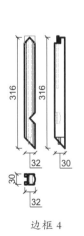

边框 4

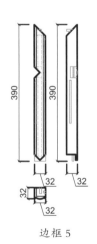

边框 5

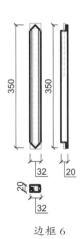

边框 6

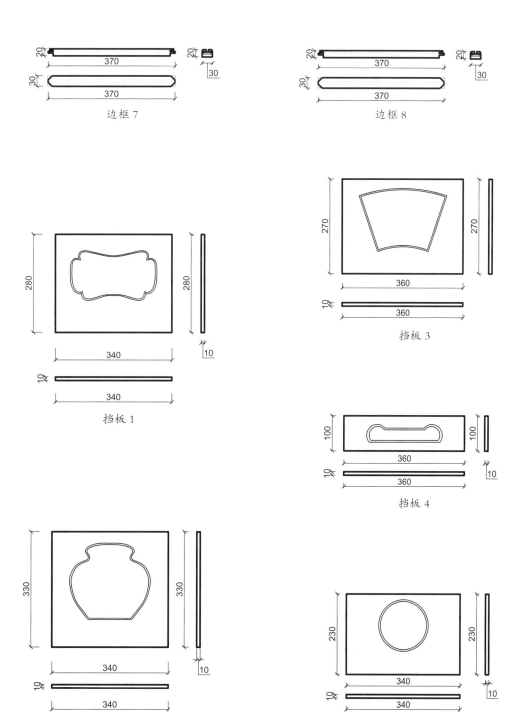

边框 7

边框 8

挡板 1

挡板 3

挡板 4

挡板 2

挡板 5

细部结构—挡板（CAD 图 37 ~ 图 49）

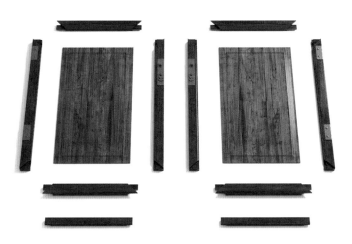

细部效果—柜门（效果图 24）

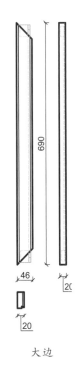

690

46

20

20

大边

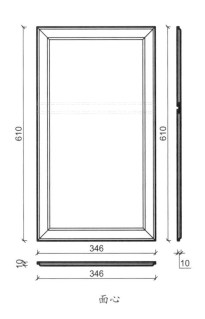

610

610

346

346

19

10

面心

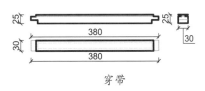

25

25

30

30

380

380

穿带

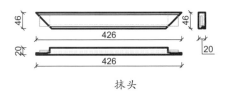

46

46

20

20

426

426

抹头

细部结构—柜门（CAD 图 50 ～ 图 53）

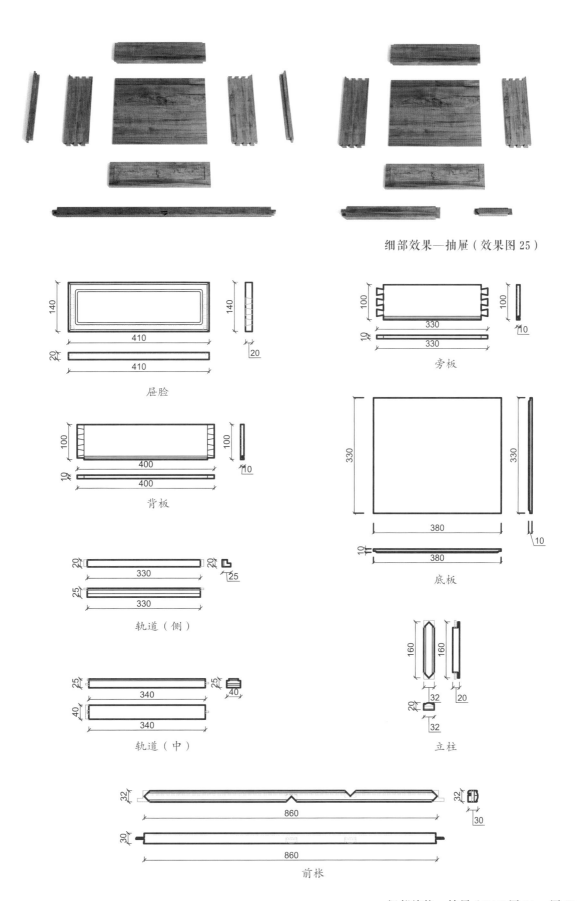

细部效果—抽屉（效果图 25）

屉脸

旁板

背板

底板

轨道（侧）

轨道（中）

立柱

前枨

细部结构—抽屉（CAD 图 54 ~ 图 61）

181

细部效果—上牙子（效果图 26）

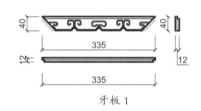

牙板 1

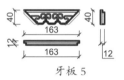

牙板 5

牙板 2

牙板 6

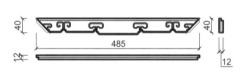

牙板 3

牙板 7

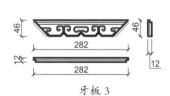

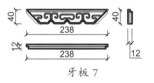

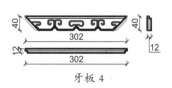

牙板 4

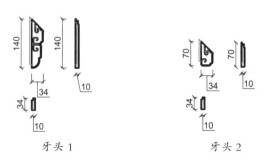

牙头 1

牙头 2

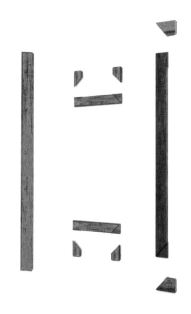

细部效果—下牙子（效果图 27）

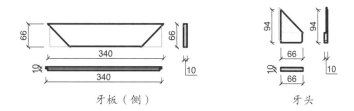

牙板（侧）

牙头

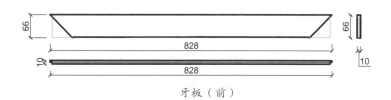

牙板（前）

牙板（后）

细部结构—下牙子（CAD 图 71 ~ 图 74）

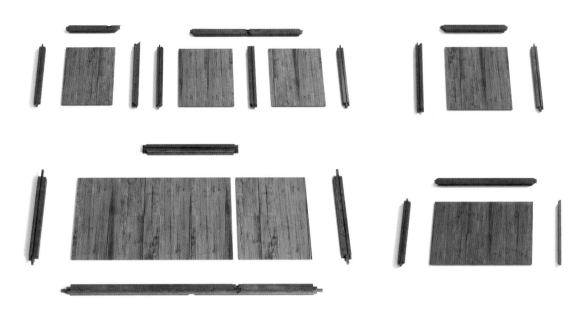

细部效果—亮格格板（效果图 28）

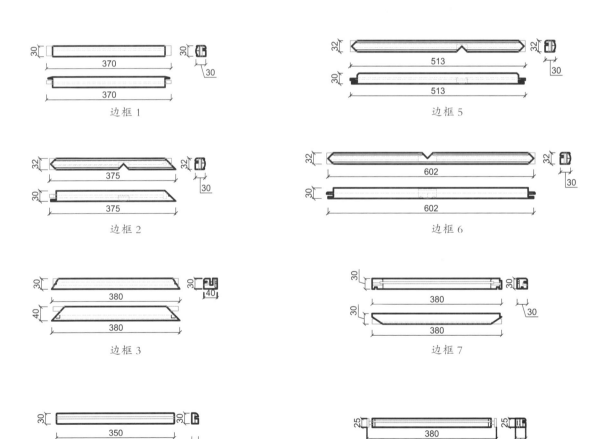

边框 1

边框 2

边框 3

边框 4

边框 5

边框 6

边框 7

边框 8

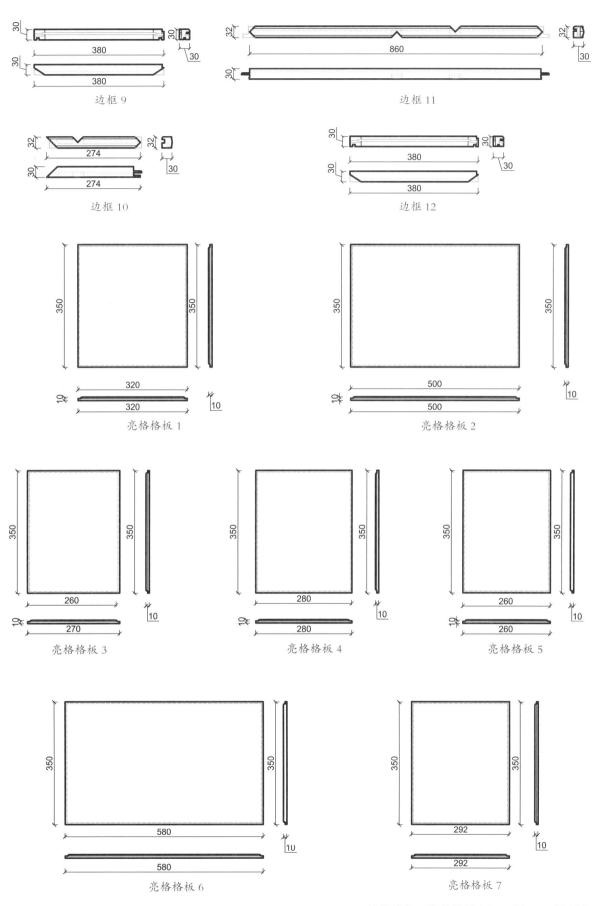

边框 9

边框 11

边框 10

边框 12

亮格格板 1

亮格格板 2

亮格格板 3

亮格格板 4

亮格格板 5

亮格格板 6

亮格格板 7

细部结构—亮格格板（CAD 图 75 ～ 图 93）

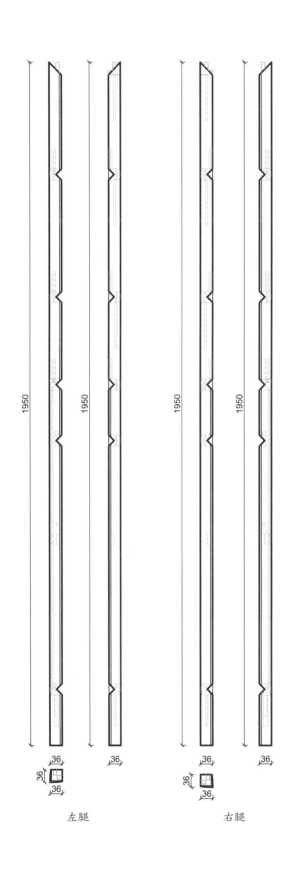

左腿

右腿

细部效果—腿子（效果图 29）

细部结构—腿子（CAD 图 94 ～ 图 95 ）

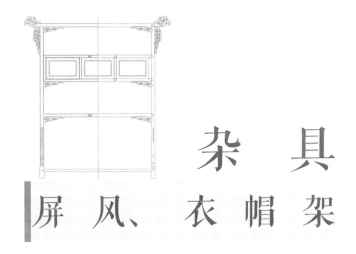

杂具

屏风、衣帽架

竹簧贴画花卉图插屏

材质：黄花梨

年款：清

整体外观（效果图1）

1. 器形点评

此插屏边角委角，屏心髹蓝漆地，在蓝漆地上镶贴竹簧，嵌饰形象生动的花鸟图景。屏心边框以站牙抵夹，下有底墩相承，绦环板光素无饰。这件插屏做工精湛，雕饰华丽，颇见匠巧工心。

2. CAD 图示

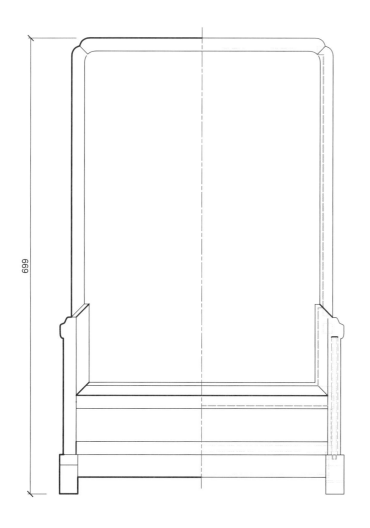

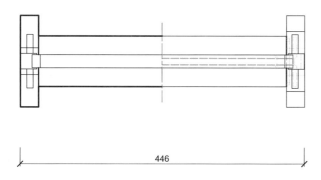

三视结构（CAD 图 1）

3. 用材效果

用材效果（材质：紫檀；效果图 2）

用材效果（材质：黄花梨；效果图 3）

用材效果（材质：红酸枝；效果图 4）

4. 结构爆炸

结构爆炸（效果图 5）

191

5. 部件示意

横边框（上）

竖边框（上）

竖边框（下）

屏心

横边框（下）

部件示意—屏扇（效果图 6）

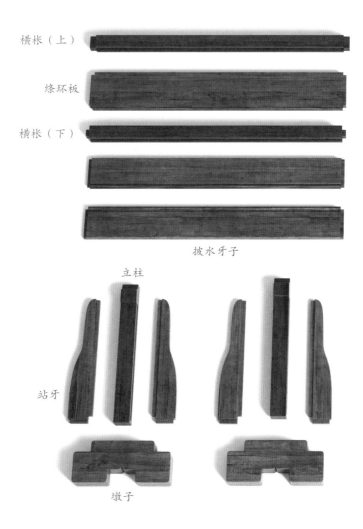

横枨（上）

绦环板

横枨（下）

披水牙子

立柱

站牙

墩子

部件示意—底座（效果图 7）

6. 细部详解

细部效果—屏扇（效果图 8 ）

横边框（上）

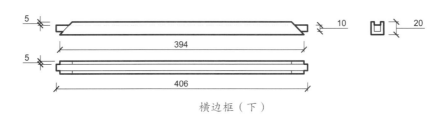

横边框（下）

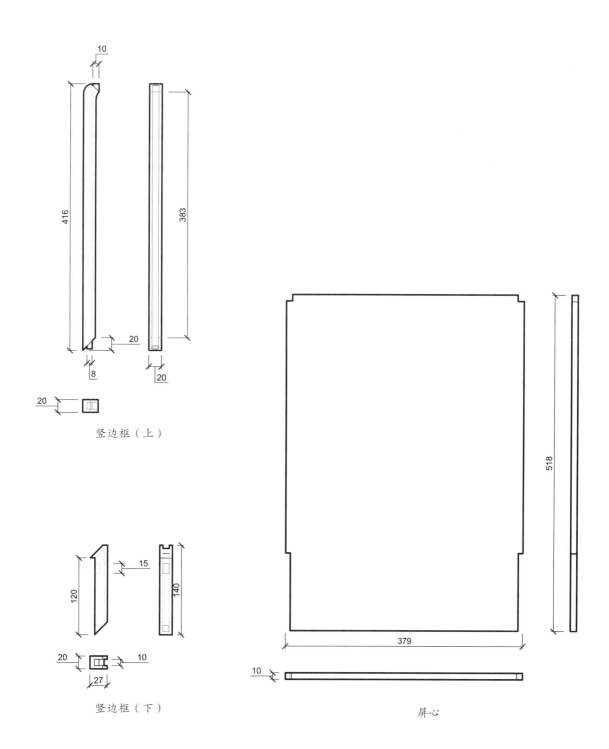

竖边框（上）

竖边框（下）

屏心

细部结构—屏扇（CAD 图 2 ~ 图 6）

195

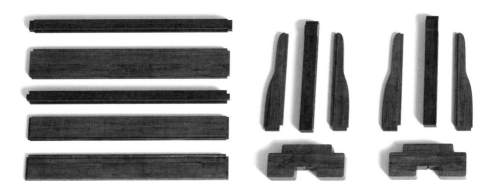

细部效果—底座（效果图 9）

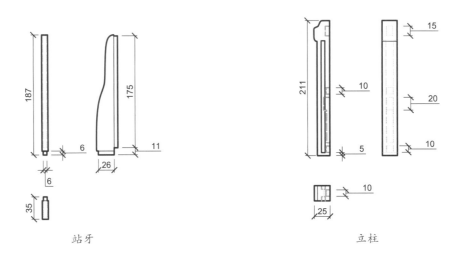

站牙

立柱

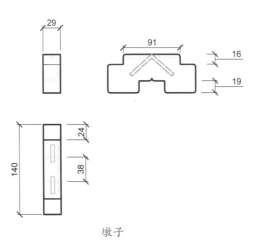

墩子

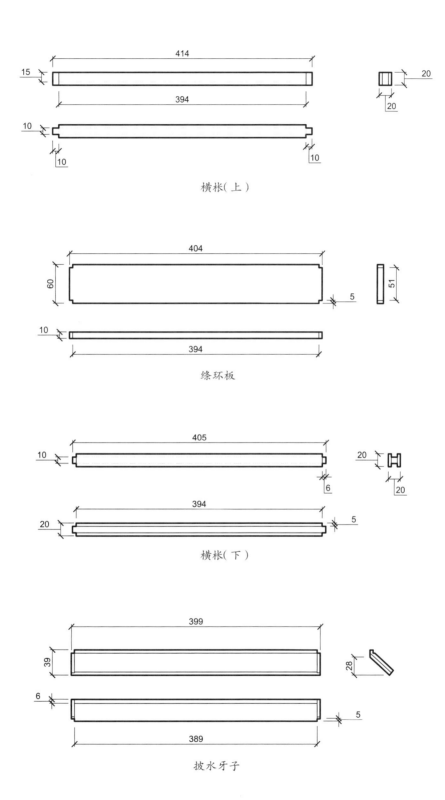

横枨(上)

绦环板

横枨(下)

披水牙子

细部结构—底座（CAD 图 7 ～图 13 ）

197

嵌瓷板山水图围屏

材质：紫檀

年款：清

整体外观（效果图1）

1. 器形点评

　　此围屏由九扇组成，高度自中间屏向两侧依递降低，错落有致。屏子下踩底座，座下以底足相承。此围屏最大的亮点在于每扇屏子上均嵌以瓷板水墨山水图，九扇屏子组合后构成了一幅精美绝伦的完整的水墨画卷，置于室内，让人仿若置身于山水之间，陶然心醉。

2. CAD 图示

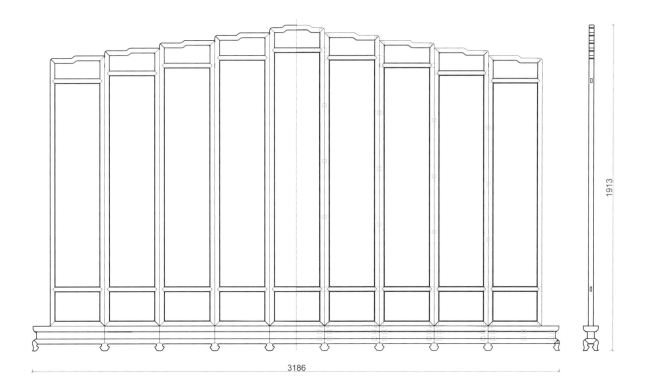

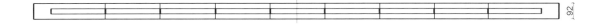

三视结构（CAD 图 1）

3. 用材效果

用材效果（材质：紫檀；效果图 2）

用材效果（材质：黄花梨；效果图 3）

用材效果（材质：红酸枝；效果图 4）

4. 结构爆炸

结构爆炸（效果图5）

5. 部件示意

中间扇屏心　　　　侧 1 扇屏心　　　　侧 2 扇屏心　　　　侧 3 扇屏心　　　　侧 4 扇屏心

部件示意—屏心（效果图 6）

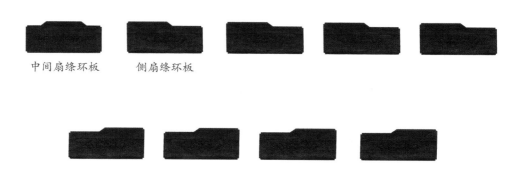

中间扇屏帽　　　侧扇屏帽

部件示意—屏帽（效果图 7）

中间扇绦环板　　　侧扇绦环板

部件示意—绦环板（效果图 8）

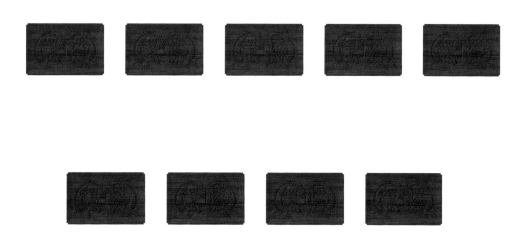

部件示意—裙板（效果图 9 ）

横枨
底枨

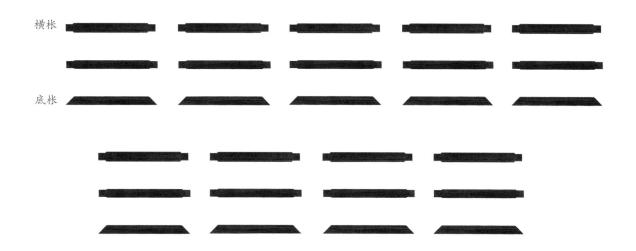

部件示意—枨子（效果图 10 ）

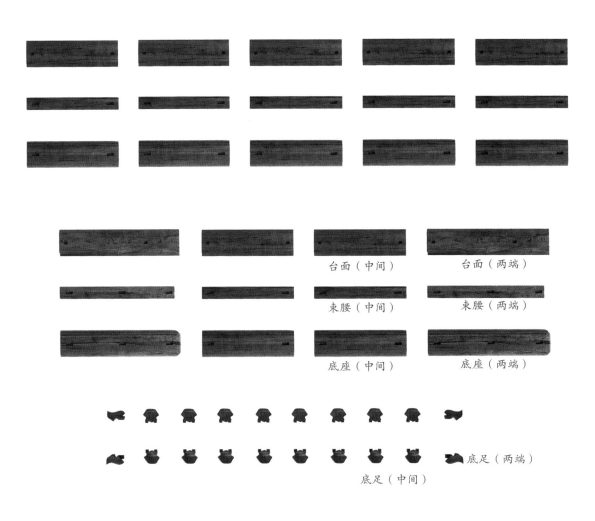

台面（中间）　　　　台面（两端）

束腰（中间）　　　　束腰（两端）

底座（中间）　　　　底座（两端）

底足（两端）

底足（中间）

部件示意—底座（效果图11）

206

竖边框（侧 1 扇）

竖边框（侧 3 扇）

竖边框（中扇）　　　竖边框（侧 2 扇）　　　竖边框（侧 4 扇）

部件示意—竖边框（效果图 12）

6. 细部详解

细部效果—屏心（效果图13）

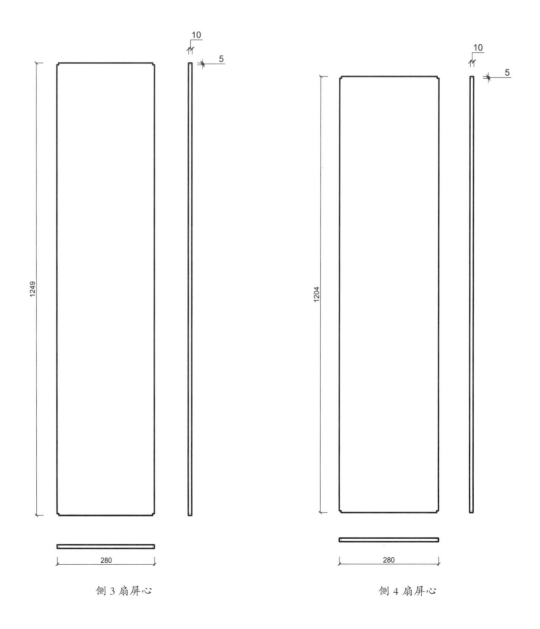

侧3扇屏心   侧4扇屏心

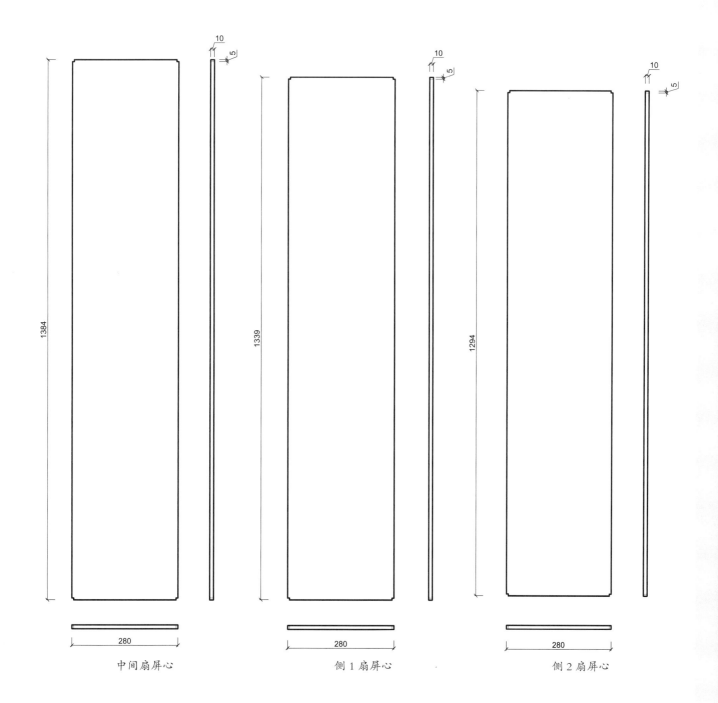

中间扇屏心   侧 1 扇屏心   侧 2 扇屏心

细部结构—屏心（CAD 图 2 ~ 图 6）

细部效果—屏帽（效果图 14）

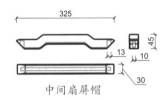

中间扇屏帽

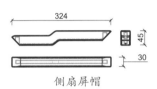

侧扇屏帽

细部结构—屏帽（CAD 图 7 ~ 图 8）

细部效果—绦环板（效果图 15）

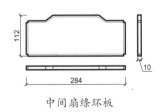

中间扇绦环板

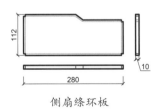

侧扇绦环板

细部结构—绦环板（CAD 图 9 ~ 图 10）

细部效果—裙板（效果图 16）

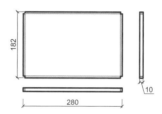

细部结构—裙板（CAD 图 11）

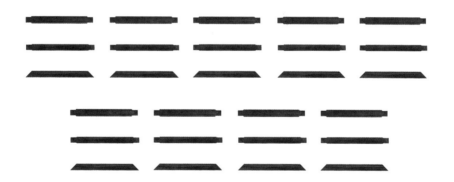

细部效果—枨子（效果图 17）

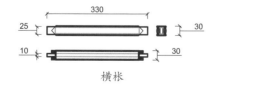

横枨

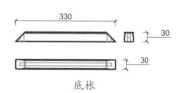

底枨

细部结构—枨子（CAD 图 12 ~ 图 13）

细部效果—底座（效果图 18）

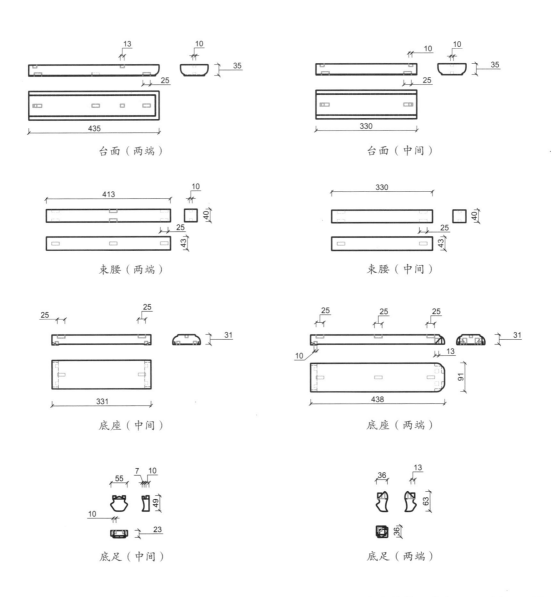

台面（两端）

台面（中间）

束腰（两端）

束腰（中间）

底座（中间）

底座（两端）

底足（中间）

底足（两端）

细部结构—底座（CAD 图 14 ~ 图 21）

细部效果—竖边框（效果图 19）

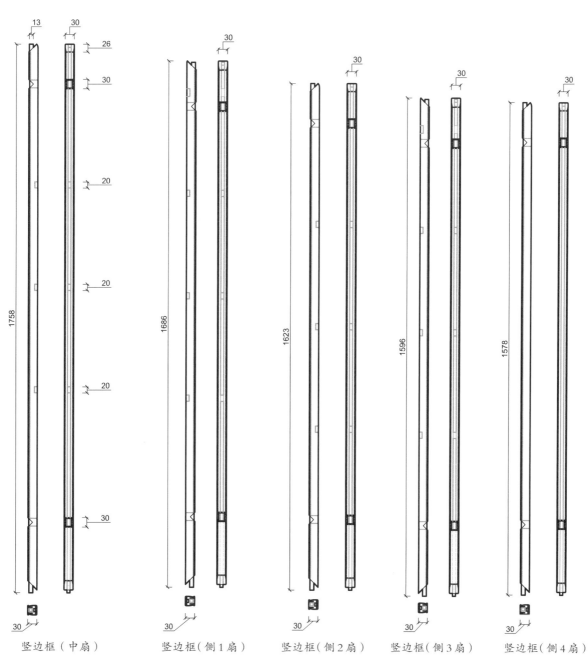

竖边框（中扇）　　竖边框（侧 1 扇）　　竖边框（侧 2 扇）　　竖边框（侧 3 扇）　　竖边框（侧 4 扇）

细部结构—竪边框（CAD 图 22 ~ 图 26）

六抹式嵌瓷板山水图围屏

材质：黄花梨

年款：清

1. 器形点评

　　此围屏由十二扇屏组成，每扇屏为六抹式。每扇屏心均绘饰有山水画片断的瓷板，十二幅屏以钩钮连接，构成了一幅完整的山水画景，重峦叠嶂，草木葱茏。屏的裙板上绘饰花草纹，围屏底框与腿相交处装素牙板，屏腿为直腿方材，足下包铜镀金套足。此围屏以色泽鲜艳的瓷板画做装饰，色泽淡雅，山峦起伏，云蒸霞蔚，意趣幽远，充满了文人的审美气息。

整体外观（效果图1）

352

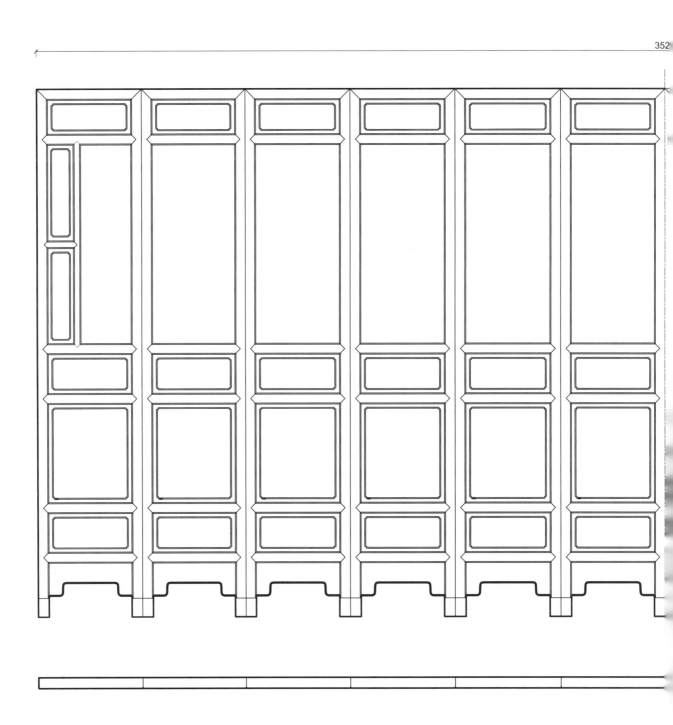

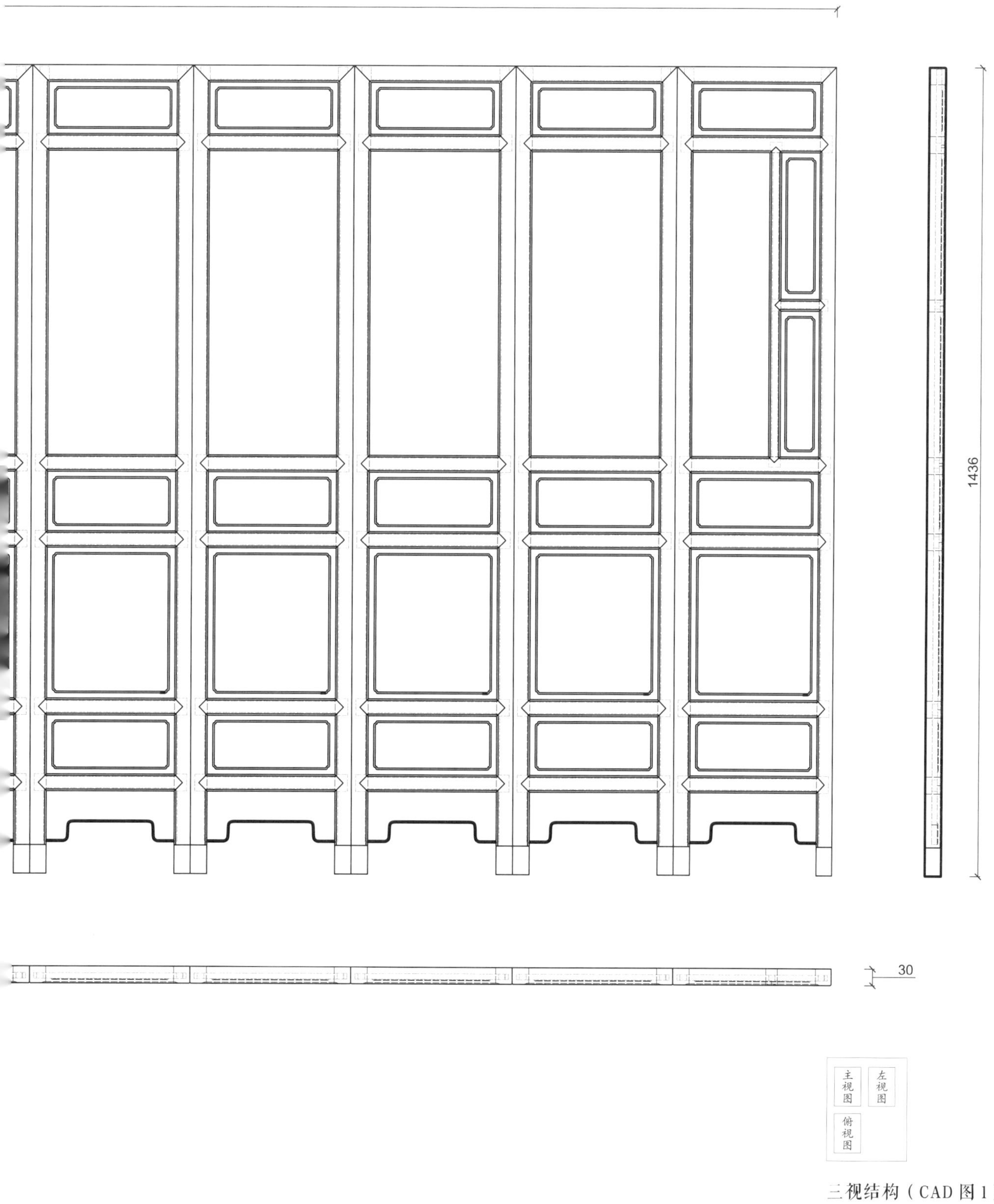
1436
30
主视图
左视图
俯视图

三视结构（CAD图1）

3. 用材效果

用材效果（材质：紫檀；效果图 2）

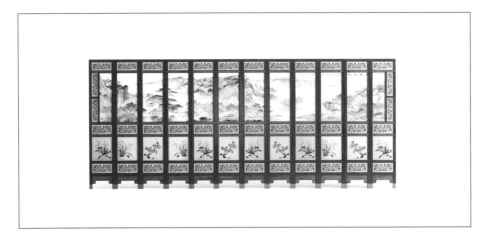

用材效果（材质：黄花梨；效果图 3）

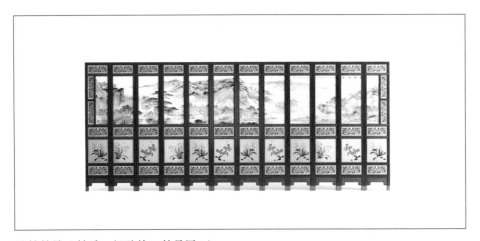

用材效果（材质：红酸枝；效果图 4）

4. 结构爆炸

结构爆炸（效果图 5）

5. 部件示意

屏心（两端）　　　　屏心（中间）

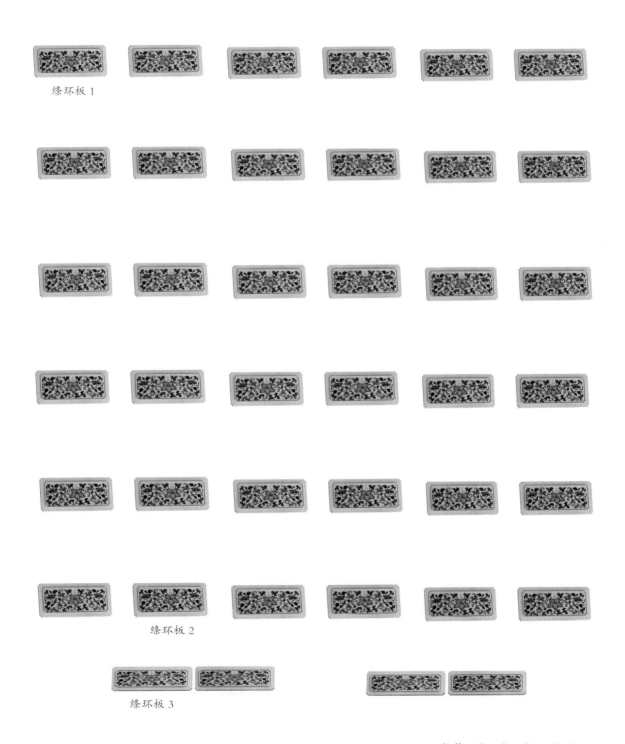

绦环板 1

绦环板 2

绦环板 3

部件示意—绦环板（效果图 7）

部件示意—裙板（效果图 8）

部件示意—亮脚（效果图 9）

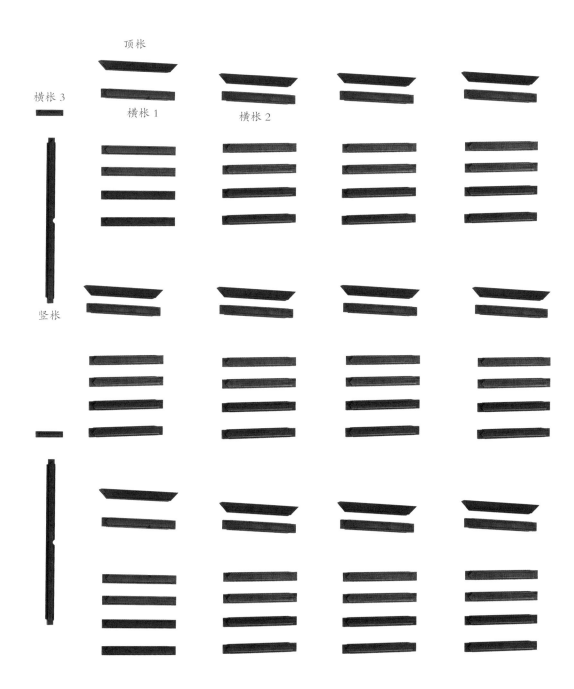

顶枨

横枨 3

横枨 1   横枨 2

竖枨

部件示意—枨子（效果图 10）

223

立柱（中间）

立柱（两端）

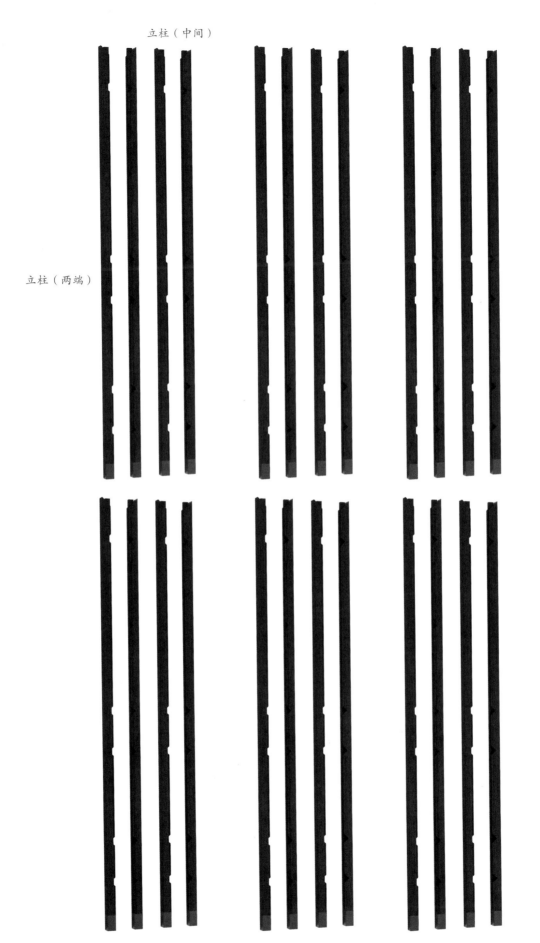

立柱（中间）

部件示意—立柱（效果图 11）

6. 细部详解

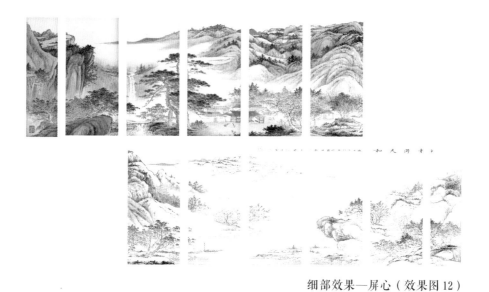

细部效果—屏心（效果图 12）

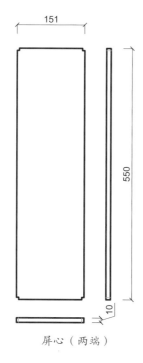

屏心（两端）

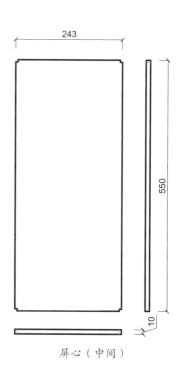

屏心（中间）

细部结构—屏心（CAD 图 2 ~ 图 3）

细部效果—绦环板（效果图 13）

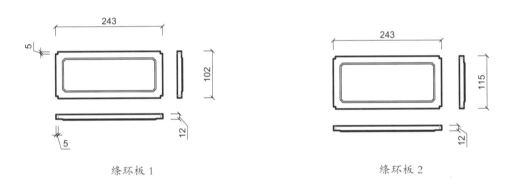

绦环板 1

绦环板 2

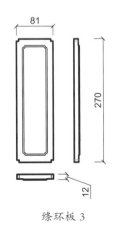

绦环板 3

细部结构—绦环板（CAD 图 4 ~ 图 6）

细部效果—裙板（效果图 14）

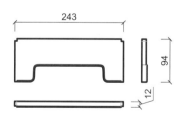

细部结构—亮脚（CAD 图 8）

细部结构—裙板（CAD 图 7）

细部效果—亮脚（效果图 15）

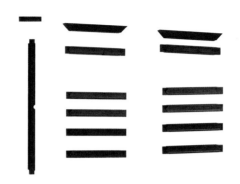

细部效果—枨子（效果图 16）

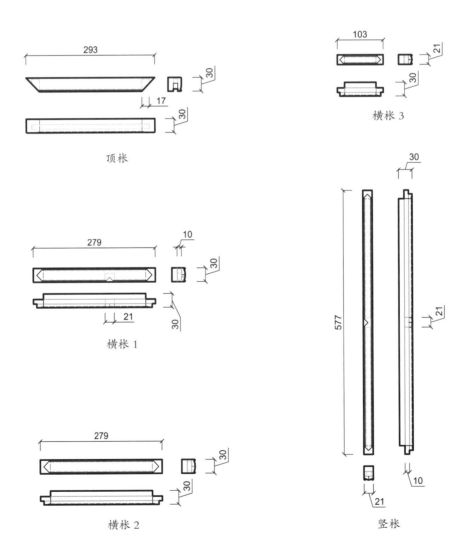

顶枨

横枨 3

横枨 1

横枨 2

竖枨

细部结构—枨子（CAD 图 9 ~ 图 13）

228

细部效果—立柱（效果图17）

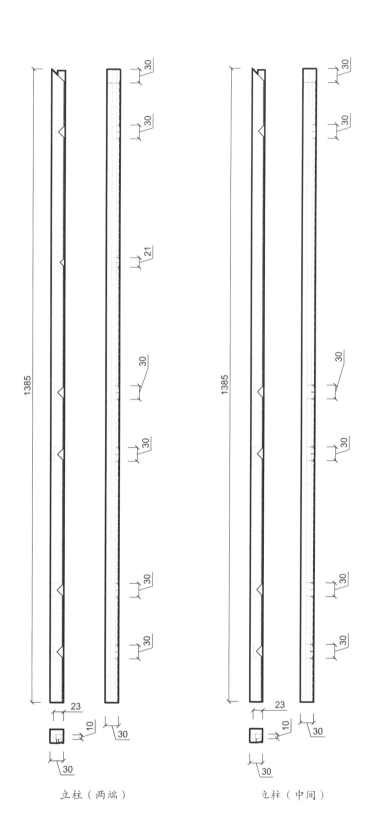

立柱（两端）　　　　　　　立柱（中间）

细部结构—立柱（CAD 图 14 ~ 图 15）

云龙纹衣架

材质：红酸枝

年款：明

整体外观（效果图1）

1. 器形点评

    此衣架顶端搭脑呈凸字形，中间高两侧低，搭脑两侧尽端雕饰上挑的龙头纹。搭脑两端之下由两根立柱支撑，立柱为圆材，立柱下踩座墩。座墩与立柱相接处有站牙抵夹。此衣架在搭脑下方与立柱相接处分别安有中牌子和横梁，中牌子分三段装绦环板。绦环板正中开有鱼门洞开光，开光内浮雕龙纹。中牌子之下安有横梁，横梁与两边的立柱之间装透雕龙纹角牙。此衣架雕刻精湛，做工上乘，堪称佳品。

2. CAD 图示

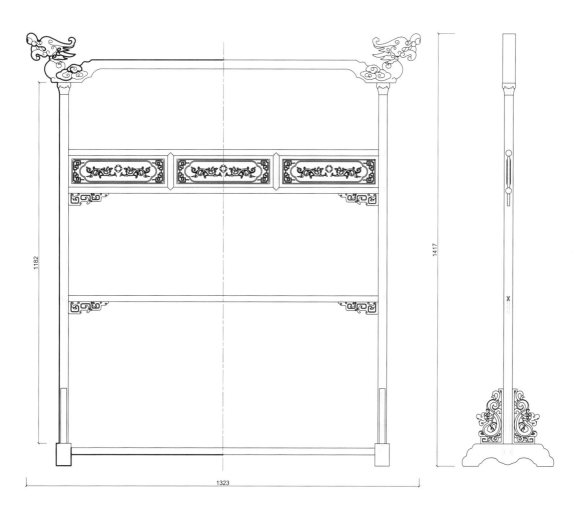

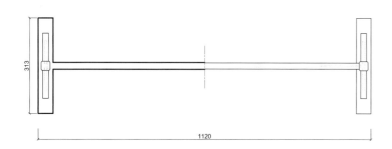

三视结构（CAD 图 1）

3. 用材效果

用材效果（材质：紫檀；效果图 2 ）

用材效果（材质：黄花梨；效果图 3 ）

用材效果（材质：红酸枝；效果图 4 ）

4. 结构爆炸

结构爆炸（效果图 5）

5. 部件示意

横枨（上）

横枨（下）

部件示意—搭脑（效果图 6）

部件示意—横枨（效果图 7）

站牙

角牙

部件示意—牙子（效果图 8）

横枨（上）

横枨（下）

竖枨

绦环板

部件示意—中牌子结构（效果图 9）

柱头构件

立柱

部件示意—立柱（效果图 10）

部件示意—墩子（效果图 11）

235

6. 细部详解

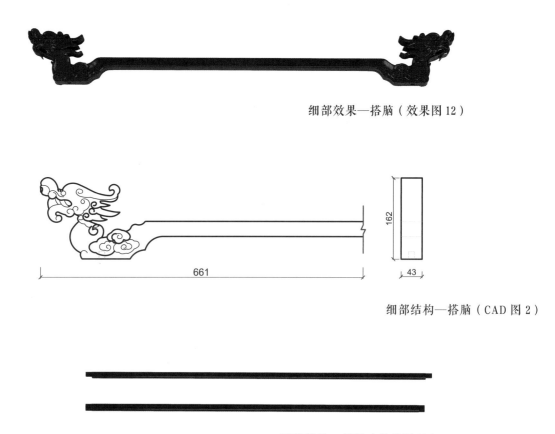

细部效果—搭脑（效果图 12）

细部结构—搭脑（CAD 图 2）

细部效果—横枨（效果图 13）

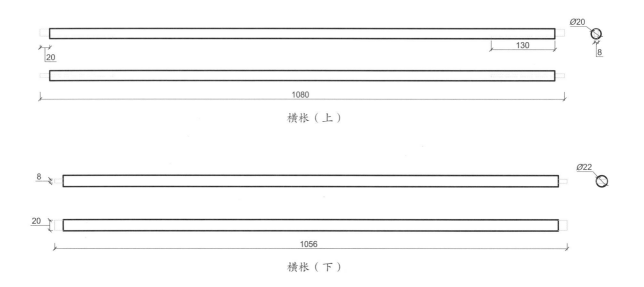

横枨（上）

横枨（下）

细部结构—横枨（CAD 图 3 ～ 图 4）

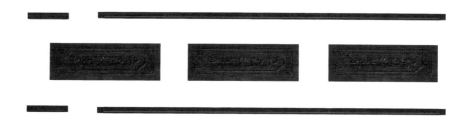

细部效果—中牌子结构（效果图 14）

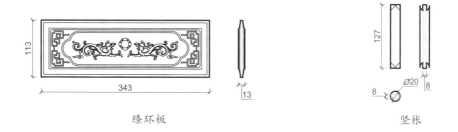

绦环板   竖栿

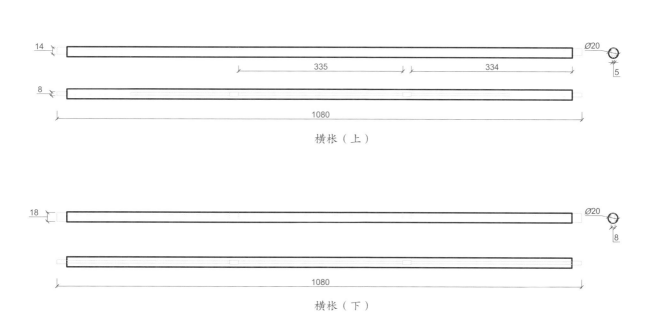

横栿（上）

横栿（下）

细部结构—中牌子结构（CAD 图 5 ~ 图 8）

细部效果—牙子（效果图15）

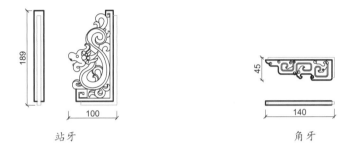

站牙 100 189

角牙 45 140

细部结构—牙子（CAD图9～图10）

细部效果—墩子（效果图16）

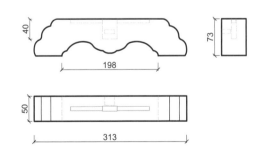

40 198 73 50 313

细部结构—墩子（CAD图11）

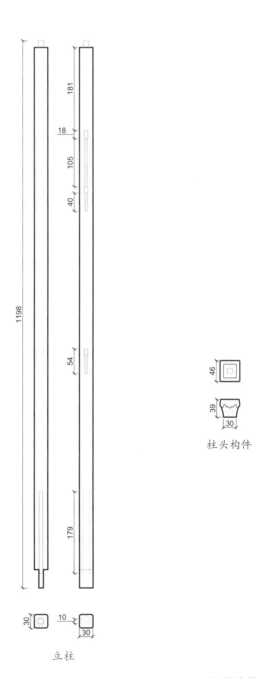

细部效果—立柱（效果图 17）

柱头构件

立柱

细部结构—立柱（CAD 图 12 ～ 图 13）

凤纹衣架

材质：黄花梨

年款：清

整体外观（效果图1）

1. 器形点评

    此衣架顶部的搭脑平直，至两侧尽端雕饰出上挑的凤首。搭脑之下由两根立柱支撑，搭脑与立柱间的内外又装有透雕拐子纹角牙和卷草纹挂牙，立柱为圆材，底端下踩座墩。座墩与立柱相接处由站牙抵夹，两个座墩之间又有栅盘相连。此衣架在搭脑下方与立柱相接处分别安有中牌子和横梁。中牌子上下装枨，在两枨之间分三段装绦环板，绦环板正中开有长方形开光。中牌子之下安有横梁，横梁与两边的立柱之间装透雕角牙。此衣架雕刻精湛，做工上乘，堪称佳品。

2. CAD 图示

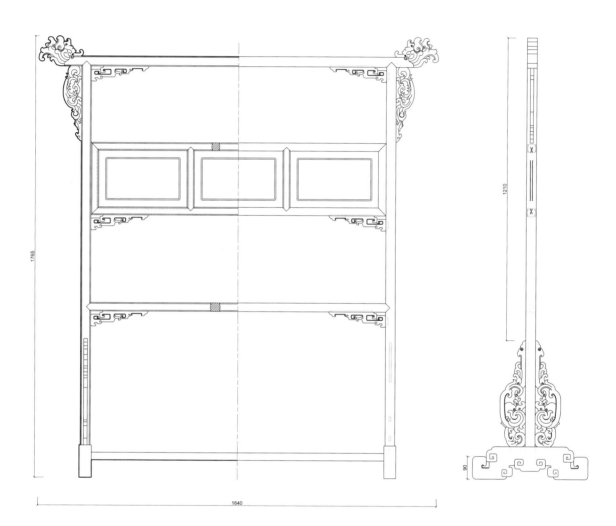

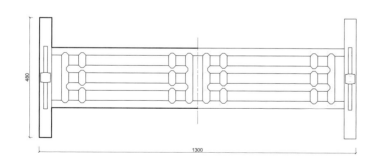

三视结构（CAD 图 1）

3. 用材效果

用材效果（材质：紫檀；效果图2）

用材效果（材质：黄花梨；效果图3）

用材效果（材质：红酸枝；效果图4）

4. 结构爆炸

结构爆炸（效果图 5）

5. 部件示意

横枨

凤首构件

部件示意—搭脑（效果图6）

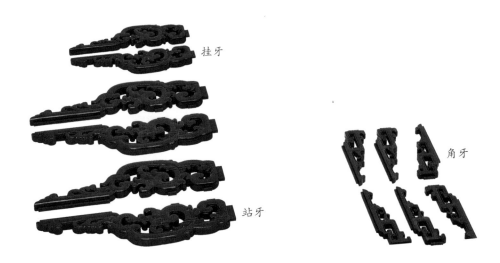

挂牙

站牙

角牙

部件示意—牙子（效果图7）

横枨

棂条 1

棂条 3

棂条 2

部件示意—栅盘（效果图 8）

竖枨（两端）

竖枨（中间）

绦环板

横枨（上）

横枨（下）

部件示意—中牌子结构（效果图9）

246

横枨

立柱

部件示意—横枨和立柱（效果图10）

部件示意—墩子（效果图11）

247

6. 细部详解

细部效果—搭脑（效果图 12）

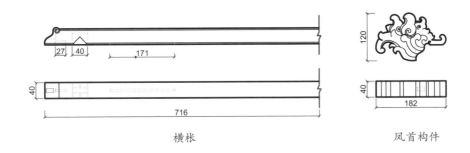

横枨　　　　　　　　　　　　　　　凤首构件

细部结构—搭脑（CAD 图 2 ~ 图 3）

细部效果—墩子（效果图 13）

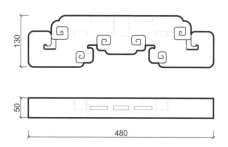

细部结构—墩子（CAD 图 4）

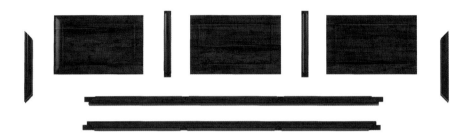

细部效果—中牌子结构（效果图 14）

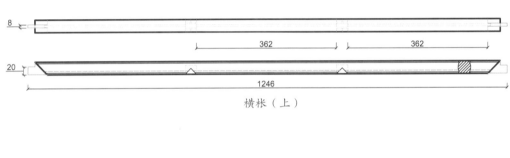

横枨（上）

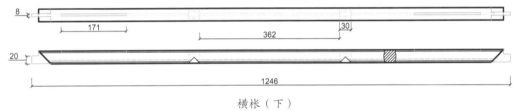

横枨（下）

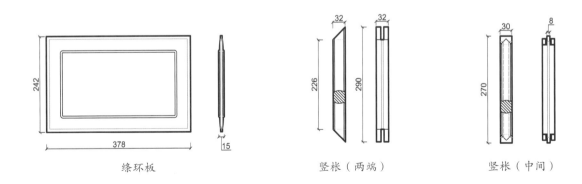

绦环板　　　　　　竖枨（两端）　　　　竖枨（中间）

细部结构—中牌子结构（CAD 图 5 ~ 图 9）

细部效果—牙子（效果图 15）

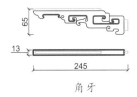

角牙

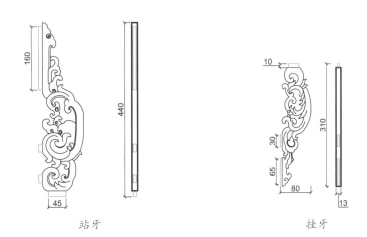

站牙

挂牙

细部结构—牙子（CAD 图 10 ~ 图 12）

251

细部效果—横枨和立柱（效果图16）

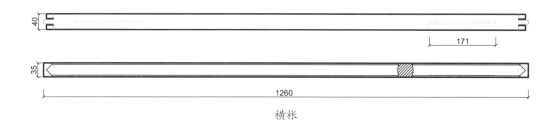

横枨

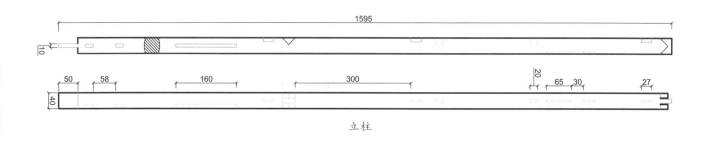

立柱

细部结构—横枨和立柱（CAD 图13 ~ 图14）

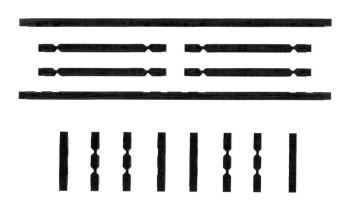

细部效果—栅盘（效果图 17）

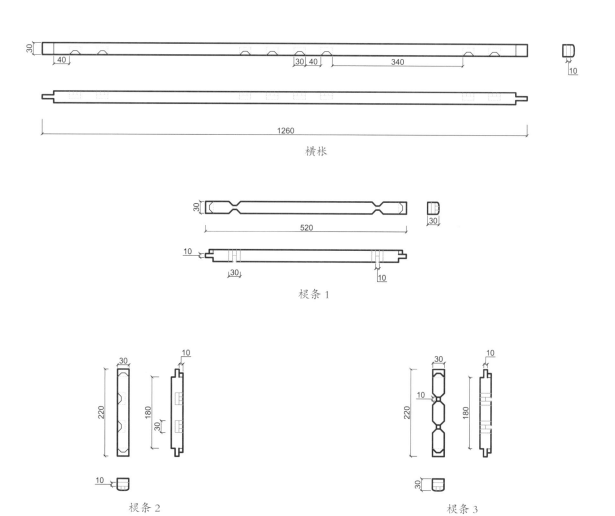

横枨

棂条 1

棂条 2

棂条 3

细部结构—栅盘（CAD 图 15 ～ 图 18）

云龙纹笔架

材质：黄花梨
年款：清

整体外观（效果图1）

1. 器形点评

此笔架顶部的搭脑中间拱起，两端下弯，至尽头雕做须发飘逸、怒目圆张的龙头。搭脑上装有数个向外横向探出的圆柱形挂钩，用于悬挂毛笔。搭脑下方的立柱采用方材，至足端下踩座墩。座墩与立柱相交处以龙纹站牙抵夹，两边立柱的下方以攒万字拐子纹的绦环板相连。绦环板之下有披水牙板，雕刻卷草拐子纹。此笔架设计精湛，既惬欣赏，又具实用功能。

2. CAD 图示

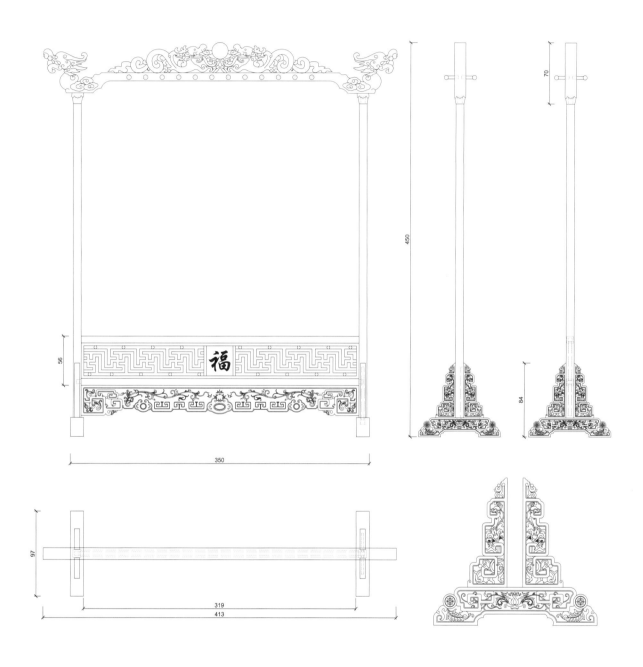

三视结构（CAD 图 1）

255

3. 用材效果

用材效果（材质：紫檀；效果图2）

用材效果（材质：黄花梨；效果图3）

用材效果（材质：红酸枝；效果图4）

4. 结构爆炸

结构爆炸（效果图 5）

5. 部件示意

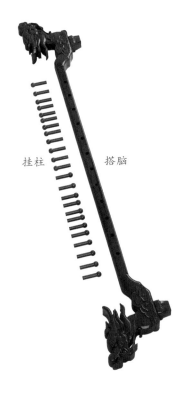

挂柱　　　搭脑

部件示意—搭脑（效果图 6）

部件示意—立柱（效果图 7）

部件示意—墩子（效果图 8）

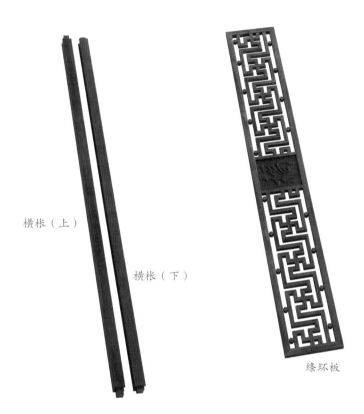

横枨（上）

横枨（下）

绦环板

部件示意—绦环板和横枨（效果图 9）

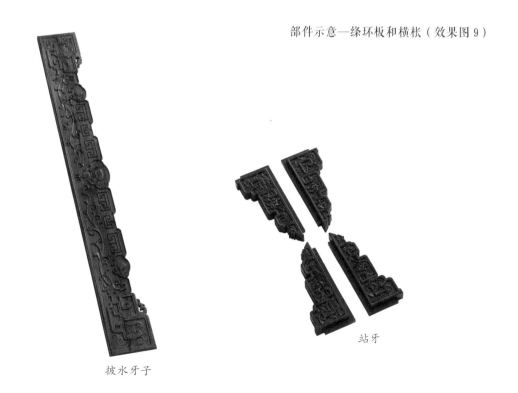

披水牙子

站牙

部件示意—牙子（效果图 10）

6. 细部详解

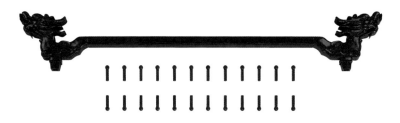

细部效果—搭脑（效果图 11）

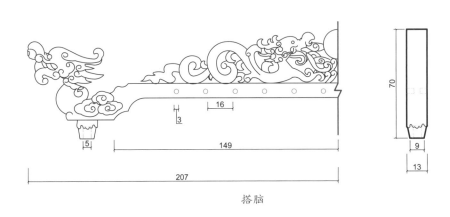

搭脑

挂柱

细部结构—搭脑（CAD 图 2 ~ 图 3）

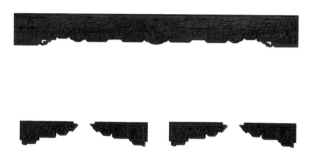

细部效果—牙子（效果图 12）

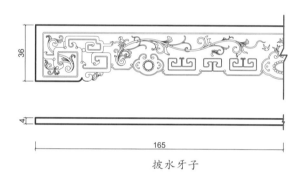

披水牙子

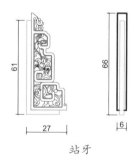

站牙

细部结构—牙子（CAD 图 4 ~ 图 5）

细部效果—立柱（效果图 13）

细部效果—墩子（效果图 14）

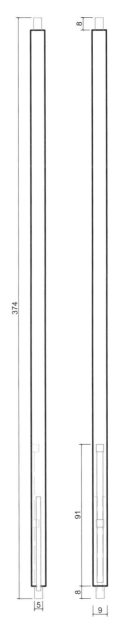

细部结构—立柱（CAD 图 6）

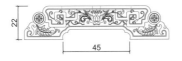

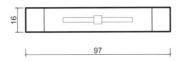

细部结构—墩子（CAD 图 7）

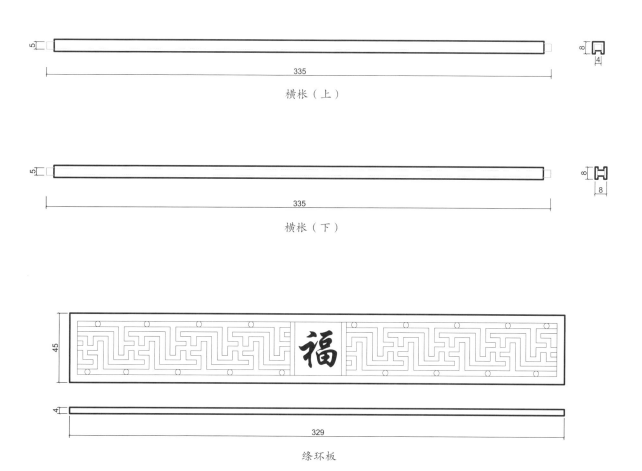

细部效果—绦环板和横枨（效果图 15）

横枨（上）

335

5

8

4

横枨（下）

335

5

8

8

绦环板

45

4

329

细部结构—绦环板和横枨（CAD 图 8 ~ 图 10）

夔龙纹花瓶架

材质：黄花梨

年款：清

整体外观（效果图1）

1. 器形点评

    此花瓶架架托为圆形，由四块弧形弯材攒接而成。架托四边由两对透雕夔龙纹的腿足相交成十字枨支撑，形成四足形式。整个瓶架设计精巧，结构细致缜密，颇见匠心。

2. CAD 图示

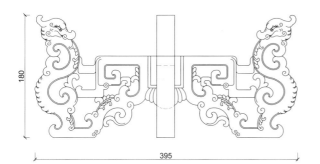

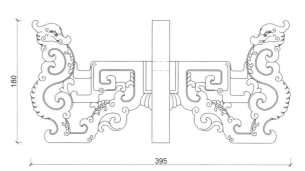

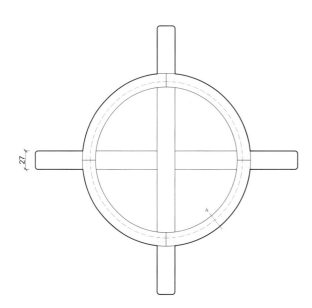

三视结构（CAD 图 1）

3. 用材效果

用材效果（材质：紫檀；效果图 2 ）

用材效果（材质：黄花梨；效果图 3 ）

用材效果（材质：红酸枝；效果图 4 ）

4. 结构爆炸

结构爆炸（效果图 5）

5. 部件示意

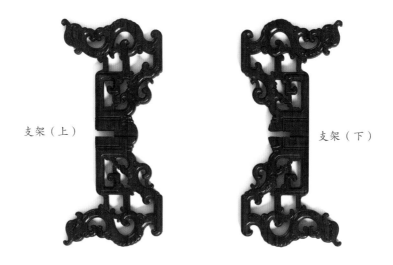

支架（上）　　　　　　　　　　　支架（下）

部件示意—支架（效果图 6）

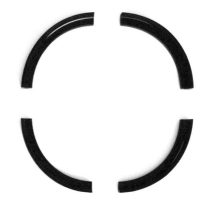

部件示意—托盘（效果图 7）

6. 细部详解

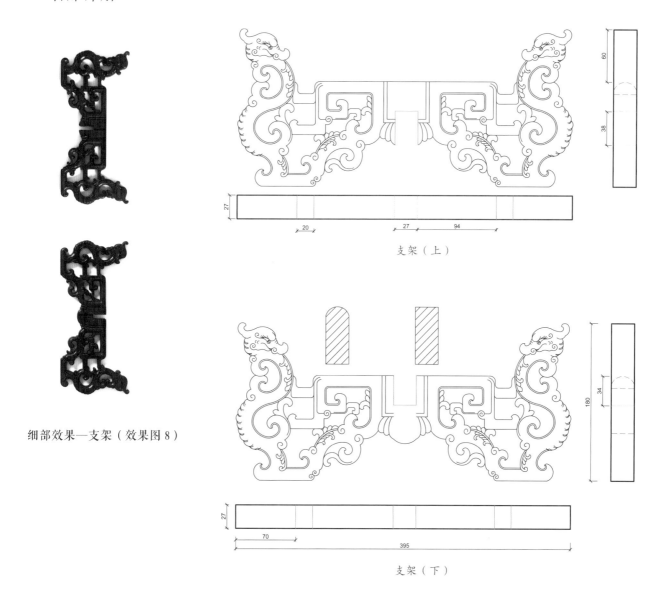

细部效果—支架（效果图 8）

支架（上）

支架（下）

细部结构—支架（CAD 图 2 ～图 3）

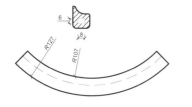

细部结构—托盘（CAD 图 4）

细部效果—托盘（效果图 9）

图版索引